水土保持人才培育探索
——关君蔚院士百年诞辰纪念教改文集

主　编　王玉杰　宋吉红

科学出版社
北　京

内 容 简 介

本书为缅怀我国水土保持与荒漠化防治学科的奠基人、开拓者和杰出的水土保持教育家关君蔚院士 100 周年诞辰编著的纪念教改文集。本书分为"学科发展与人才培养"、"课程改革与实践教学"和"平台建设与综合管理"三个部分。收录了关先生对于水土保持学科发展思考的重要文献，有利于读者系统地了解关先生的学术思想。"学科发展与人才培养"部分内容主要涉及水土保持学科发展、人才培养模式、青年教师队伍建设、优质精品课程建设等方面；"课程改革与实践教学"部分内容涉及课程内容、教学模式、教学方法、实习模式等内容；平台建设与综合管理部分内容涉及实验室管理、教学科研管理、现代化管理模式与方法等方面。

本书可为水土保持与荒漠化防治专业相关院校人才培养提供借鉴和参考。

图书在版编目 (CIP) 数据

水土保持人才培育探索：关君蔚院士百年诞辰纪念教改文集 / 王玉杰，宋吉红主编 . —北京：科学出版社，2017.4

ISBN 978-7-03-052223-8

Ⅰ. ①水… Ⅱ. ①王…②宋… Ⅲ. ①水土保持–人才培养–中国–文集 Ⅳ. ①S157-53

中国版本图书馆 CIP 数据核字（2017）第 054226 号

责任编辑：文 杨 白 丹 / 责任校对：杨 然
责任印制：张 伟 / 封面设计：陈 敬

科 学 出 版 社 出版
北京东黄城根北街 16 号
邮政编码：100717
http://www.sciencep.com

北京厚诚则铭印刷科技有限公司 印刷
科学出版社发行 各地新华书店经销
*
2017 年 4 月第 一 版 开本：720×1000 B5
2017 年 4 月第一次印刷 印张：14 1/4
字数：320 000
定价：98.00 元
（如有印装质量问题，我社负责调换）

编辑委员会

序

2017 年是关君蔚院士 100 周年诞辰。作为晚辈和朋友在此作序以纪念与关君蔚院士相识的黄金岁月，回忆老先生留在我记忆里的点点滴滴，感慨万千。

关君蔚院士毕生致力于水土保持的理论与实践探索，对我国水土保持与荒漠化防治学科发展和教育事业作出了卓越的贡献，是我国水土保持教育事业的开拓者和奠基人。他长期致力于我国水土保持事业，深入实际，在山区建设、泥石流治理、防护林体系理论等基础研究领域取得了重要成绩，老先生一生践行以"黄河流碧水，赤地变青山"作为奋斗目标来勉励后人，培养了一代又一代水土保持优秀人才。

我于 1956 年从苏联留学回国，分配到北京林学院造林教研组工作，关先生当时任造林教研组主任，是我的直接领导人。当年秋季他就单独带着初出茅庐的我，坐长途汽车（当年都是敞篷卡车）风尘仆仆地考察晋西陕北的黄土高原和榆林沙地，手把手地教我认识中国特色的水土流失状况，探讨合理的治理办法。此情此景已过去六十年了，但仍清晰地留在我的脑海中。

关君蔚院士对水土保持事业有着深沉而执著的情感。他密切关注我国和世界生态环境变化，为政府决策积极建言献策。他总结的"水土保持效益、经济效益和社会效益同步实现"的治理思想，"靠山吃山要养山，要充分挖掘山区土地的多种多样的生产潜力"的建设途径，被各级政府及有关部门采纳，融入了指导山区建设的文件之中。针对黄河断流问题，他和几位院士共同发起"拯救黄河"呼吁活动，在全国产生了重大影响，引起了社会普遍关注和有关部门重视。2004年东南亚发生海啸后，他奋笔疾书递交《我国的红树林和海岸防护林》报告，呼吁为我国万里海疆构筑起结构合理、功能完善的绿色屏障，得到了时任总理温家宝的重要批示。北京成功申办 2008 年奥运会后，他积极建议、宣传环保，呼吁要结合北京实际办真正的绿色奥运会。2006 年，菲律宾特大泥石流发生后，他连夜写了加强首都山区泥石流防治的建议书，受到了回良玉同志的高度重视，责成北京市有关部门会同关先生共商对策。耄耋之年，他依然整日为事业操劳，直到生病住院，仍坚持参与工作、著书立说。

追求是无止境的。关先生生命不息，追求不止，他将毕生的精力奉献给了我国的水土保持教育事业。花甲之年，他将信息论、系统论、控制论等新学科理论与中国水土保持实际相结合，创立了"生态控制系统工程"新学说。撰写了

《运筹帷幄，决胜千里》一书，首次系统地提出了生态控制理论。他用自己的心血和汗水，铸造着新的"绿色长城"，实现着绿水长流、青山永驻的理想！

2017年5月是关君蔚院士100周年诞辰，水土保持学院在关君蔚院士诞辰100周年这个具有重要纪念意义的年份出版此论文集意义深远。一方面是对老先生的深切缅怀，另一方面是对学院多年教学科研管理成果进行凝练与总结。书中收录了关先生对于水土保持学科发展思考的重要文献，有利于读者系统地了解关先生的学术思想；教学科研成果则体现了水土保持学院教师队伍扎实的教育作风和严谨的治学态度，对当前水土保持教育事业有很好的指导意义；教学改革与综合管理的总结和思考，将有助于推进建设"国内一流，国际知名"学院的进程，同时也可为相关院校本科教学及人才培养提供借鉴与参考。

中国工程院院士 沈国舫

2017年4月7日

前　言

2017 年是我国水土保持与荒漠化防治学科的奠基人、开拓者和杰出的水土保持教育家关君蔚先生 100 周年诞辰，又是先生仙逝 10 周年，我们愈加深切地怀念这位为我国水土保持和科教事业作出卓越贡献的宗师——敬爱的关先生。

关君蔚先生 1917 年出生于辽宁沈阳，中国工程院院士，北京林业大学教授，水土保持学家，首批国家政府特殊津贴享受者。长期致力于我国水土保持、防护林体系的教学和科研工作，主持创办了我国高等林业院校第一个水土保持专业和水土保持系，建立了具有中国特色的水土保持学科知识体系。关先生于 1941 年日本东京农工大学林学科毕业后，便怀着赤诚的报国之心从日本辗转回国，开始了长达 60 多年的水土保持教育科研生涯，先后在北京大学农学院、河北农学院森林系、北京林业大学等单位工作，历任讲师、副教授、研究员、教授、博士生导师等职，1957 年受聘为中国科学院兼职研究员，1995 年当选为中国工程院院士。曾任中国林学会第二届、第五届理事会理事，中国水土保持学会第一届理事会常务理事、名誉理事长，中国治沙暨沙产业学会副理事长，国际防治荒漠化公约中国执行委员会高级顾问，《中国水土保持科学》主编等职。

关君蔚先生是我国水土保持学科和教育的开拓者和奠基人。从 20 世纪 40 年代初开始，便培养和造就了大批水土保持专门科技人才。1949 年水土保持学课程作为高等农林院校林学系和农田水利系学生的必修专业课增设于河北农学院，并由先生主讲。1952 年，院系调整后，水土保持被纳为重点专业课程之一，先生调入北京林学院（现北京林业大学）继续主讲这门课程。1958 年，林业大专院校专业委员会成立了水土保持专业委员会，先生作为主任委员，主持研究并制定了专业课程设置和教学大纲等，并主持了全国林业大专院校水土保持专业教材编审委员会的工作。同年，全国第二次水土保持会议决定，要在高校设立水土保持专业，北京林学院承担了这个创建的任务。先生带领同事们克服重重困难，培养了我国的第一代水土保持专业大学毕业生；并于 1961 年组织编写了我国第一部"水土保持学"统编教材，造就了我国农林院校的第一批水土保持课程的主讲教师。就这样，在林业教育史上，水土保持专业与学科在我国建立起来了。关先生担任了第一任水土保持专业负责人、第一任水土保持系主任；创立了我国首个水土保持学科博士授予点，先生也成为我国水土保持学科的第一位博士生导师。

关君蔚院士科教成果丰硕。他主持编写了《水土保持学》（农业出版社）、《水土保持原理》等多部教材和专著，主笔编写了中国大百科全书、中国农业百科全书中"水土保持""水土流失"等学科领头条目。1985 年，他编著的《山区建设和水土保持》获全国农业区划委员会一等奖。他先后撰写了《"三北"防护林体系建设工程》《生态控制系统工程》等多部著作，发表了《甘肃黄土丘陵区水土保持林林种的调查研究》《我国防护林的林种和体系》等 50 多篇论文。研究成果"石洪的运动规律及其防治途径的研究"获得了 1978 年全国科学大会奖励。1983 年，为表彰关先生对水土保持事业的特殊贡献，国务院全国水土保持协调小组授予他"全国水土保持先进个人"荣誉称号。1986 年，他担任技术顾问的世界百个重大获奖项目之一——"三北"防护林建设，荣获了联合国环境规划署颁发的金质奖章。1987 年，他参与的科研成果"宁夏西吉黄家二岔土水土流失综合治理的研究"获中国林学会梁希奖，同年获林业部科技进步奖一等奖，1988 年获国家科技进步奖二等奖。1989 年，他又荣获了国家教委颁发的"全国优秀教师"奖章。2001 年他被评为北京市水土保持先进工作者。2003 年获"全国防沙治沙标兵"称号。2004 年获国家林业局首批林业科技重奖。这些荣誉是对关君蔚院士不懈奋斗的最好褒奖，但比这些荣誉更重要的是，关先生用自己的言行为全国水土保持科教界树立了学习的榜样——献身事业、执著追求、无私奉献的榜样。

北京林业大学水土保持学院的发展倾注了先生毕生的精力和心血。在他的带动下，学院经过几代人的辛勤努力，目前已发展成为办学特色鲜明、学科优势突出的研究型学院，涵盖农学、理学、工学 3 个学科门类，包括水土保持与荒漠化防治、自然地理学、地图学与地理信息系统、结构工程 4 个二级学科，其中水土保持与荒漠化防治为国家级重点学科。学院始终致力于推动我国生态环境建设与发展事业，现已成为我国生态环境建设与水土保持理论技术研究中心、高层次水土保持人才培养中心、高水平科研成果集成转化和示范推广中心及本领域国内外的交流合作中心，在水土保持理论与工程实践、水土资源保育与可持续利用、流域资源保护与管理等领域的人才培养、科学研究、社会服务和文化传承等方面取得了丰硕的成果，并在国际上享有较高的声誉和影响力。

本文集在结构上分为"学科发展与人才培养""课程改革与实践教学"和"平台建设与综合管理"三个部分。"学科发展与人才培养"部分内容主要涉及水土保持学科发展、人才培养模式、青年教师队伍建设、优质精品课程建设等方面；"课程改革与实践教学"部分内容涉及课程内容、教学模式、教学方法、实习模式等内容；"平台建设与综合管理"部分内容涉及实验室管理、教学科研管理、现代化管理模式与方法等方面。

本文集在编撰过程中，编委会成员和所有作者付出了大量的努力和智慧。全国著名水土保持专家、水土保持学院老院长王礼先教授参与审定。正是出于对关君蔚院士的敬仰，各位同仁才付以极大的热情和高度的责任心，以力争文集尽快地呈献给广大读者。在此，代表编委会向所有关心、支持本文集出版的专家、老师、朋友们致以最诚挚的谢意！

编　者

2017 年 1 月

目　　录

第一篇　学科发展与人才培养

第二篇　课程改革与实践教学

第三篇　平台建设与综合管理

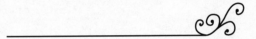

第一篇　学科发展与人才培养

中国水土保持学科体系及其展望

关君蔚

（北京林业大学水土保持学院，北京，100083）

1 历史基础

我国文化历史悠长，自古以农立国、平治水土，古人言之甚详[1]；见之于文献最早应是《国语》（公元前 550 年）。在欧洲"文艺复兴"后，阿尔卑斯山区森林破坏导致山洪泥石流灾害严重，因此，1884 年在奥地利维也纳农业大学林学系建立起荒溪治理学科（Wildbachverbaoung）。日本早在 7 世纪就经遣唐僧人带回了我国"治水在治山"的观念；明治维新后，日本曾向欧洲学习，建立起森林理水砂防工学，并成为农林、水利等高等院校必修课程。在美洲，美国立国后肆意开垦西部各州土地，导致 1934 年爆发了举世震惊的"黑尘暴"（Blackduster），首次对此进行科学报道的学者是我国熟知的罗德明（M. K. Lowdermilk），他曾是我国金陵大学教授，参与了我国水土保持学科创建工作，他的铜像现仍矗立在天水水土保持实验站。他回国后被任命为美国农业部水土保持局副局长，但正局长 H. H. Bennett 坚持用"土壤保持学"（Soil Conservation）。

到了我国现代（其实在我出生之前），以黄河流域为首的水土流失问题早已被我国老一代学长所注视。新中国成立后他们中仍有多位健在，我是在他们无私的教导下从事工作的。新中国成立初期，在学习苏联的热潮中，正值"斯大林改造大自然计划"问世，其理论依据是在继承 B. B. 道库恰也夫、P. A. 柯斯特切夫和 B. P. 威廉士成就基础上建立起来的。我们组织翻译了《森林改良土壤学》《水利改良土壤学》和《农林改良土壤学》，并试讲了 1 年。随后迎来苏联专家普列奥布拉仁斯基教授为师资进修班和研究生主讲"森林改良土壤学"，并延聘1 年。其间，我陪他由东北林区经西北黄土高原，直到东南沿海等现地考察和研究，他由衷同意并支持了我的下列观点：中国文化历史悠久，长期被封建社会困扰，尤其在近百年来，内忧外患连绵不断，产生了荒山秃岭、破碎山河的荒凉面貌，它是旧社会留给新中国的惨痛遗产。情况复杂、治理难度很大，只能靠本国科技人员的努力谋求解决，要立即创建符合中国特点的水土保持学科。1957 年北京林学院独立成立了森林改良土壤教研组，并主编出版了我国高等林业院校交流教材《水土保持学》。

我曾于 1936 年到日本留学，考入原东京农林高等学校（现东京农工大学）林学科，并被当时日本的著名教授濑户北郎指定学森林理水砂防工学，由于受日本"技术立国"思想的影响，我当时遇书即翻、过目即忘，等于不好读书又不求甚解。但在广泛涉猎之中，以自学为主，形成"好为人师"的愿望。1940 年毕业后，我辗转到北京；1942 年受白教授邀请到当时的北京大学农学院森林系任副教授，主讲"森林理水砂防工学"和"测树学"。1945 年日本投降后，我继续受聘于北京临时大学第 4 分班，1946 年秋曾随民国的辽宁省政府去了锦州，四平解放后我又回到北平等待解放。当时我自认为是生未逢时，灰心自弃，但从解放区来北平的旧友新知力促我参加革命工作。1949 年我被介绍到河北农学院森林系，报到后做了一套土布的工作服便和同学们一起走进了河北省的革命老区。在老区，我第一次接触村干部，他说："看得出来，你们参加工作不久，但能不辞辛苦，爬山越岭，来帮助我们工作，我们从心里高兴！"由于 1950 年 12 月，政务院发布了"加强革命老根据地工作的指示"，我两年中跑遍了河北省的山山水水，随后风闻要成立北京林学院，赶紧向上级表态：愿终生工作在河北，虽经省、院领导同意，但未能实现。直至 1952 年 9 月才到我国首创的北京林学院报到，其时正酝酿成立林垦部，由于朱德总司令和多位老将军极力促成，竺可桢和梁希老学长深思熟虑，深入考察，终于在百废待兴的建国伊始就创建了林垦部；并促使在 1952 年新中国成立后首次院校调整时，林学就得以脱离开附属于农学的习惯势力，独立兴建了北京、南京和东北 3 个林学院。

2　我校水土保持学科体系建设成就

1952 年水土保持已成为农林水利院校的重点专业课，我们开始为全国培养水土保持师资和研究生，并共同到黄土高原和西北风沙地区实地考察，讨论和研究存在的问题。其时我们已经对华北山沙地区旱涝灾害情况有了相应的理解，尤其是 1950 年发生在京西原宛平县（现门头沟区）清水河山洪爆发的重灾区，以工代赈修筑的田寺东沟石洪治理工程，没用一斤①水泥，取得了高质量的工程！山区农民世世代代积累蕴蓄着宝贵的经验，使我深受教育和启发。迄今半个多世纪，又经前后三次相似暴雨的考验，安然无恙！

继之，结合当时妙峰山林场建设的需要，我和部分师生一起探索了华北土石

---

① 1 斤 =0.5kg。

山区立地条件和造林类型，恰值生产需要，被推广于全国，并被聘为中国科学院兼职研究员，也引起了当时苏联科学院的重视，林业大专院校师生、富有经验的老农和当地的技术人员相结合。在地方党政的直接领导下，现场调查、规划、设计、定案的工作方法已在全国各地取得实效，而更重要的则在于融教学、科研和生产于一体的学风，培养出多代有实干能力的技术人才。我也得以稍慰于心。

1955 年召开了全国第一次水土保持会议，当时我国学术界就水土保持是不是一门科学进行了争论，在竺老又一次亲去西北黄土高原考察研究之后，在代表中国科学院的报告中，专有一段指出：水土保持就是和水土流失作斗争的科学，1956 年，聂荣臻同志出任国务院副总理，主管共和国的科学技术工作；不久又兼任国务院科学技术委员会主任，他曾在一次会议上提出："我国人民应该有一个远大的规划，要在几十年内，努力改变我国在经济上和科学文化上的落后状况，迅速达到世界上的先进水平。"几天后，周恩来总理在全国政协二届二次全体会议上，发出了"向现代化科学技术大进军"的号召，之后并曾深思熟虑地指出："科学研究规划的出发点，是要按照需要和可能，把世界科学最先进的成就尽可能介绍到我国来，把我国科学事业方面最短缺而又最急需的门类，尽可能迅速补足起来，根据世界科学已有的成就，来安排和规划我国的科学研究工作，争取在第三个五年计划末，使我国最急需的科学技术能够接近世界先进水平（科技日报，1996-08-21-23，第3版），12 年规划是一项创举，是发展祖国科技事业的伟大创举，我曾被约参与过 1956～1967 年全国农业发展纲要的研讨。

1958 年我校成立了水土保持专业，1962 年 3 月广州会议后，突由院办转告我去国务院谭震林办公室开山区建设会，在会上，我开阔了眼界，不仅得到全体同仁，尤其是席承藩组长和任统老学长的指导，更深受工作过的老区同志的鼓励和支持，为"山区建设"或"山地利用"我曾狂妄地和席老有所争持，虽曾给领导添过麻烦；但得以对"任务带科学"或"按学科分工"的争论和"百家争鸣，矛盾统一"有了进一步的理解，会上也曾任性地在水土流失分区上，提出将山东划入华北，却意外得到省领导和地方的支持。广州会议后，参与 1963～1972 年科学技术规划的专家学者已从 600 人增加到千人左右，恰值灾荒将过，农业，尤其是山地利用和水土保持被列为重点，在友谊宾馆开大会时，我被指定住在主楼。会议结束前，在上报掌握多少研究经费时，我有意地带去一个用学院科研经费买给我的马蹄表（人民币 8 元）。这等于告了林业部一状，急得林业部科技司的袁同志亲自找我，我一口气要了 20 万科研费，他当场只好同意，事后却说手下无钱，先拨 2 万元以供急需。到 1966 年主要用于建立拉拉水沟实验区，用了 1.8 万就开始"文化大革命"了。

1969 年，做梦也没想到能坐专列被"发配"到云南新平的新一林场。那里一片热带季雨型云南松原始森林，我顿如走进了另一个理想的新天地。一直到 1978

年，我等于又上了一次林业大学，新一林场的云南松原始森林、小中甸的丽江云杉林、高山栎原始林和西双版纳之行，使我得以较为全面地补学了我国森林的概况，其间，几度去小江流域调查泥石流，却直接为我承担的"泥石流的预测预报及其综合治理的研究"成果，能在1978年全国科学大会上获奖奠定了基础。

1973年2月我校改称云南林业学院，同年10月招收学员152人；1974年招收314人，其中，林业和水土保持专业143人；1975年招收学员361人，其中，林业和水土保持专业121人。学员大部分来自北方，所以，从1974年起，只能带领林业、水土保持专业学员到北方冀晋陕甘各省"开门办学"。于是我们部分教师就得以活动在云南和北京之间，南北两栖。

1978年3月18日全国科学大会在北京召开，同年12月由中央批准北京林学院返京复校，1980年成立了水土保持系，1984年由国家教委批准了水土保持学科，1989年被评为国家重点学科。

早于1952年就联合几位同行建议成立中国水土保持学会，几经周折，也终于在1986年经中国科学技术协会批准正式成立。1995年，作为1961年以后在我国水土保持学科发展的小结（图1），全国高等林业院校试用教材《水土保持原理》交印。

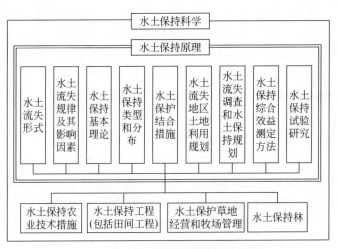

图1 我国水土保持学科体系示意图

至此，基于人类可持续发展的需要，在我国，"水土保持"已经从一门可有可无的选修课，逐步发展成为重点专业课、水土保持专业、水土保持系、水土保持重点学科、水土保持重点开放实验室，直到现在的水土保持学院，取得了应有的发展，本人自认为即使无大功劳，也有苦劳，1995年年初，经领导授意，赶写出："关于我国水土保持科学体系的展望"和"中国的绿色革命"两份成果，提交中国科协第四次全国代表大会作为临别纪念，并申请退休获准。

3　问题和展望

1995 年被评为中国工程院院士后，实感愧疚于心；所谓赶写出"关于我国水土保持科学体系的展望"，其实是一句逃避责任的遁词；既以垂朽之年，获此殊荣，迫使自己要重写这篇文章来自圆其说！

问题很明显，在我国，不论从旧社会接受过来的生态灾难如何严重，也要靠我们自己求得恢复、改善和提高，新中国成立后半个世纪我亲自参与的实践证明，看似"既要马儿跑，又要马儿不吃草"的无理要求，而实践却证明，可以做到："社会效益、生态效益和经济效益同步实现"，但是，50 多年来，延续治理到今天，从严要求，治理的速度仍赶不上破坏的速度，这就是我们面对的现实问题所在，为了有利于解决这个问题，提出以下观点。

（1）破除科学上和对"天才"的迷信，中学毕业生考入大学后（18～19岁）已长大成人，要独立思考。锻炼通过实践，"自负盈亏"，承担责任的能力。

（2）在 20 世纪，如果一个国家或地区，2/3 的人口靠工业和第三产业生活，1/3 的人口靠农业生活，就成为被纳入发达国家的条件之一；但事实证明，城市，尤其是大都市的扩展是有其极限的，我国，也包括发展中国家或全人类，在21 世纪，应有 50% 的人口居住、生活和工作在乡村，这已被广泛接受。

（3）在如上前提下，以水利工程中惯用的平均等速流，用加乘系数的方法，估算乱流，以所谓风沙流的理论去涵盖扬尘等基本理论上的误导，应纠正和重建，是当务之急。

（4）生命、生物，也包括人类在内，和其所在地的环境，具有密切不可分割的关系，从而形成"一方水土养一方人"的自然规律，从当前我们已经掌握的科学技术看，土壤能用人工合成、控制无效蒸发水分的消耗、限用 7500 m^3 农业用水、部分多层次循环利用（图 2）、维持全年生物生产，占用 1 hm^2 土地，要维持1/5 口人，能生活在小康以上水平。

（5）从现在开始，水土保持已成为全党、全国人民的宏伟事业，尤其是老少边穷生态脆弱地区的县镇一级行政领导，责无旁贷，全力担当统筹科学管理责任。

（6）我们重点追求和探索的只是其中的一小部分，限于图 3 中虚线框内部分。

如果将这一部分称为专家系统，在生物和环境领域的特点，就必然要以地方为主，当前第一步要在当地党政的直接领导下，将共同作出的打算实现在祖国的大地上，在此过程中，就能形成一个有国家、省、市级科技人员参加，以及县领导、科技人员、生产能手和知识青年组成的工作队伍，它不同于处理无生物的工

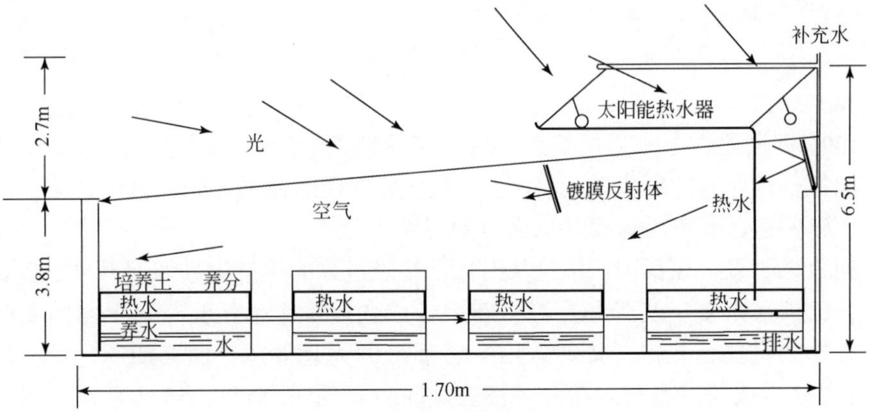

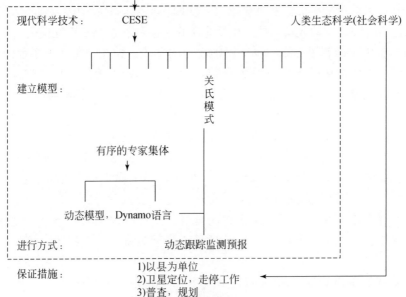

补充水

太阳能热水器

2.7m

光

空气

镀膜反射体

热水

6.5m

3.8m

培养土　养分

热水　　　热水　　　热水　　　热水

养水

水　　　　　　　　　　　　　　　　　排水

1.70m

图2　人工气候室横断面示意图

设想：因地制宜，因害设防+因势力导，趁时未成+谦诚则灵，机不再来
经济效益、生态效益、社会效益同步实现——社会效益是根本

指导思想：东方思维——实事求是，艰苦奋斗，自力更生的延安精神

目标：1995年的现时情况　→　2050年中等发达国家的持续发展水平

现代科学技术：　　　CESE　　　　　　　人类生态科学(社会科学)

建立模型：

关氏模式

有序的专家集体

动态模型，Dynamo语言

进行方式：　　　　　动态跟踪监测预报

保证措施：　　1)以县为单位
　　　　　　　2)卫星定位，走停工作
　　　　　　　3)普查，规划
　　　　　　　4)建立"多媒体"信息库
　　　　　　　5)长期及时监测预报
　　　　　　　6)超前纳入信息高速公路

成果：　　　　入网单位或个人都可在1h之内，了解到各地每
50m²土地的现状(包括位置、边界、标高、地
类等)归认证所有，准备干什么?打算什么时间
干?需要的物资和钱是多少?准备好了吗?

图3　CESE 的文字模型

业，或文体艺术队伍具有国家级、地方级和民间级的严格差别，而是从中央到地方，一竿子插到底，面对全县整体的具体环境条件组成的有序的专家集体，从形式上看，县领导是主要权威，而实质上是通过实际工作，培育当地青年，"永久牌"掌握现代科学技术、建设自己秀美家乡的接班人为核心的奠基工作，从现在开始起步，找几个不同类型地区开始试点，以往的经验证明，3～5年就可取得实效，17～18年后，最近两年出生的孩子都已长大成人，只要能培养出4000个（平均每县2人）"永久牌"愿意掌握现代科学技术建设所在的秀美家乡的接班人，到2020年分散居住在960多万平方千米上的6亿～7亿农业人口和各级领导都心中有数，将激发出来的主观能动作用有序地集成起来；必能促使生物生产事业、生态系统、环境和可持续发展，超前迈入现代科学的新阶段。

在我校创建时的教师中，我有幸忝陪末坐，即使就同年辈而言，也难以攀比；无奈多位超前仙逝；逆向启示我生幸逢时，得亲睹盛世，谨陈所知旧事，有利于对后来人树立青出于蓝必胜于蓝的信心，科学的进展和人类的繁荣需靠多代人持续来实现，当前在我国西部和全国建设的需要装点祖国秀美山川，已经纳入全国的重要议事日程，我已日薄西山，明天更必然是你们的天下，但仍愿共勉之！

参 考 文 献

[1] 张含英. 土壤的冲刷与控制. 北京：商务印书馆，1939

（原文引自：北京林业大学学报，2002，24（5）：273-276）

中国的绿色革命——试论生态控制系统工程学

关君蔚

（北京林业大学水土保持学院，北京，100083）

摘要：本文结合我国防护林体系建设取得的重大成就，概要论述了生态控制系统工程学的理论与实践，指出生物科学研究从微观上是探索生命的奥秘，从宏观上是研究如何控制和利用生态系统；并阐明了该系统相应的"黑箱结构""瞬时模式""生物生产单元"之间的机理，以及进一步把我国防护林体系建设引向现代科学轨迹的现实意义和影响。

关键词：绿色革命；防护林体系；动态跟踪；控制系统工程学

欧洲"文艺复兴"以后，生产有很大的发展，其特点主要表现在工业方面，所谓产业革命，实质只限于工业革命。正是由于工业发展的需要，促进了数学、物理学、化学、天文学、地学等基础学科的发展，也确实推动了人类社会的进步和发展。工业、机械和电气的成就形成了以工业革命为基础的西方文明。生物虽也被列为基础学科，但农业却被忽视，只从能源、机械、化肥、农药等方面给予支持，仅以工业革命和生产的模式来强制农业，其结果就扭曲畸变了农业和农业科学。回顾我国多年来对"农业就是粮食生产"，以粮为纲和小农业与大农业之争以及农业现代化的讨论众说纷纭，莫衷一是；再加上多方干扰，以致"农为国本，食为民天"，曾在人类发展历史过程中为农业和世界文明作出过贡献而现仍为12亿多人口（其中9亿多是农民）的中国，也弄不清农业是什么了。

至此，与其说是广义的农业，反而不如与工业革命相对应，称之为"生物生产事业革命"。其内容是：生物生产事业＝生物的保护，管理，选育，驯化，栽培，饲养，加工与利用+土地与环境的维护，管理，改善，提高和使用。

早在20世纪60年代，时代联合国秘书长吴丹看到杂交水稻的出现时激动地说："……将是一场根本性的革命变革——也许是最富于革命精神的人们也从未经历的一场变革。这场变革意味着什么呢？在朦胧中看到的是——绿色革命"。时至今日，生物生产事业革命逐步实现的是具有中国特色的绿色革命。科学发展到今天，人类作为一个生物的物种，向自然夺取生存、繁衍和昌盛，就必须寻找出符合今后需要的科学文明的社会秩序，而此种"科学文明"又只能由人类自己来建，这就是时代对人类的要求，我们义不容辞地要作出应有的贡献。其中，我国的防护林体系建设工程已取得了举世瞩目的成就，显示了中国特色的绿色革命。

1 生态控制系统工程学
(the Cybernetics Ecosystem Engineering，CESE)

生物的特点是具有生命，生物出生之后，始终于变化之中，就个体而言，最后以死亡告终，但群体可以靠世代更替，来延续物种总体的时间跨度，而且繁育的下一代并不完全是上一代的复制品，有进化也有退步，所以生物的特点在于随时间而变，始终处于运动状态之中。经过长期"物竞天择"，超需繁殖就不仅只是维护物种本身繁衍的需要，同时也是供给其他生物采食或猎取，用以维护其他生物的生存和繁衍的需要。在人类出现以前，自然界的生物总体早已如此。当人类登上地球历史的舞台之后，生物仍在进化，人类也不停地在进化，从而就某一时段而言，人类能认识到的真理则是相对的，这取决于人类在自然界所处的位置和人类能控制自然的能力。科学的中心是人类本身，而出发点则是人类所具有和掌握的控制能力以及可能控制的许多变量。从这个出发点开始，一层一层扩展下，伸向远方，科学的光芒照亮了黑暗的宇宙，而这光芒的源泉就是人类。

习惯总是指责生物或是生态科学落后于现代基础科学，认真对待并稍加思考，生物科学研究和探讨的对象是包括人类在内，即具有生命的物体所组成的生物群体和环境的总体，从微观上是探索生命的奥秘，宏观上则是如何控制和利用生态系统，很明显当前人类所能掌握的基础科学远远落后于生态控制系统工程的要求。控制论将人类认识和改造的对象看作"黑箱"（Blackbox）（图1）。图1中A表示客观存在，即"黑箱"；B表示主观认识，即模型，亦即知识系统；C表示将实践结果与模拟（预期）结果相比，即鉴别系统；D表示人类认识的能动精神，即根据反馈调节目标差以求逼近客观真理的能力。认识客体（黑箱）有两种方法，即打开黑箱和不打开黑箱。生物是有生命的有机体，具有严密而复杂的组织结构。用打开这类黑箱的传统方法，即迄今仍极为粗糙的解剖方式，即使黑箱能被打开，也不可避免会使黑箱受到严重破坏，甚至不能正确观察研究其内部结构和正常的动态。进一步从生态上研究，我们总是把生物群体和环境作为统一，要在其相互影响和制约的关系中探索；打开黑箱必然破坏两方面的相互关系。其实，人类的认识和客体（研究对象）之间的关系，归根结底是通过输入和输出之间的相互联系来理解和研究的，因而在生态系统的研究中，在任何阶段不打开黑箱的方法都是认识客体的重要手段。而从更加宏观的角度来考虑，人类虽与其他生物有本质上的不同，但仍属于生物范畴，所以，实际上人类和其他生物共处于更大规模的"黑箱"之间，其内部不仅变量数目繁多，而且相互关系也错综复杂，不打开"黑箱"反而有利于人们从总体和综合的角度考察问题。为了求得人类的认识能够不断地逼近客观实在，就必须通过各种方式对"黑箱"施加人为力量，即强制输入（例如，向耕地施入氮肥，荒山栽上松树等），有目的地施加影响或控制，这些称为可控制变量。同时也要对客体的输出不断进行观察、测定、分析和研究，了解强制输入所产生的后果（如上例，植株生长苗壮，但结实的数量和质量都不理想；栽的松树可以成活，但生长不快，而且林地改善也不理想等），一类称为可观察变量，或可感知变量。

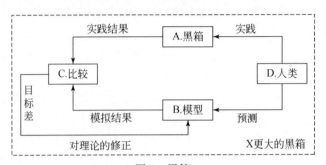

图 1　黑箱

由此可见，人类并未掌握自然界生态系统客体的全部知识，人类掌握的可观察变量越多，则表示对生态系统的客观实体了解得越多；掌握的可控制变量越多，则反映人类对生态系统客体的控制和履行的能力越大。

生态控制系统的瞬时模式见图 2。图 2 中的节点 A，说明系统在横向上是连通的，这是生态系统所特有的；其涵义是人为作用，只能影响和控制生态系统向有利于人类的方向进展。

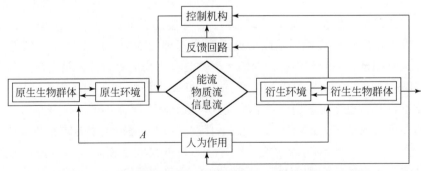

图 2　生态控制系统瞬时（Δt）框图（1980～1993）原图

生态系统始终处于变化之中，在时间上是动态系统，随时间的推移，就可以从衍生生物群体和衍生环境的统一体与原生生物群体及原生环境的统一体相比较。研究生态系统主要依靠"反馈"信息取得可观察变量，当其不符合人类的愿望时，就可以使用人类已经掌握的可控制变量，通过控制机构去影响和控制生态系统向更有利于人类的方向发展。依此进行的人为作用即可用于原生生态系统，此时具有超前性质，多属于防护范畴，例如，不要乱开荒等。当然，人类的干预也可施于衍生生态系统，则属治理范畴，例如，退耕还林等。再加上生物群体和环境条件之间所具有的自我控制和自我调节能力，生态系统的控制机构就可以经网络因果关系进行动态跟踪监测预报。至此，尽管是初步的，但是已经把包括农、林、牧、特、渔在内的生物生产事业纳入了以稳定性理论为基础、多维非线性系统的现代科学轨道。

2　以防沙治沙建设绿洲为突破口，促使绿色革命步入新阶段

防护林体系建设只是手段，而发展生产，尤其是防护地区人民的利益才是真正的目的。这取决于我国当前的实际情况，实践证明凡是涉及全党全民大规模的建设事业就都要求生态效益、经济效益和社会效益同步实现。治沙工程就是以此为基础提上了议事日程。恰在此时，农业（广义的=生物生产事业）是基础，水（广义的，包括生物、人类都在内）是命脉。森林（也是广义的，包括乔、灌、草……）是屏障和根本的思想日益深入人心，广大科技工作者在探索超前服务于生产需要。著名科学家钱学森老学长在倡导农业系统工程多年之后，又及时提出了"沙产业"的新设想，甘担风险，为我们指明了方向，使我们深受启发和教导。我国西北干旱地区沙地分布面积广大，相对而言人口密度较小，亦即土地资源丰足、地表比较平坦，可塑性强，除干旱少雨是不利因素外，雨热同期、光热充足也是无可比拟的优势。迄今对来自太阳的光和热仅能利用很小一部分，倘若能充分发挥现有的科学成就，将沙区太阳能利用率提高数倍，就得突破国际上喧嚣一时的所谓"土地承载力"。

尽管在人类发展历史上，古今中外都认为由洪水引起的水灾是威胁人类安宁的最大灾害，但时至今日无论从涉及受灾的土地面积，还是发生的频率和持续时间，都小于旱灾。在积习中对防洪排涝的重视固属应当，但水灾和沥涝起因于水多，修好堤坝，排入湖海，就可求得安全。但水资源的亏缺和旱灾，则是水少，甚至"没水"，无中生有，当更困难。虽然我国西北内陆沙地多属高原区，幸而仍处于环山盆地，得有珍贵的高山融雪之微利！"物以稀为贵"，以水定产，水贵于油，并非过激之词。我们经常夸说："万里长城、大运河是劳动人民的伟大创造"。新疆的坎儿井，其规模的宏伟和对人类的贡献，都在长城和运河之上。时至今日，要改变一下"喝凉水不要钱"的老习惯，饮水思源，等价交换，应属理所当然。干旱和风沙总是相依并存的，即"沙要两喜，一喜风，二喜旱"。但沙也有三怕，

一怕水，二怕树，三怕草。在我国的土地上，防沙固沙工作早已源远流长，西北以牧业为主的少数民族地区为了防风沙，保护草场，世代相传，严禁动土。并且总结出的"寸草遮丈风"符合现代科学的道理。所以在风沙地区维护生物生产的持续发展，其突出的特点就是在如上"以水定产"的基础上要"林草先行"。

利用来自太阳的光和热，可以将封闭或半封闭体积内的生长季节延长到 365 天（图 3），力求集约经营，年中可达四作，即使只按水平栽培养殖面积计算，生物产量即可增产 2.4 倍。我国北方农田灌溉用水定额为 7500m³/hm²，在干旱地区，40%以上消耗于无效的蒸发和蒸腾，如能在封闭的条件下，一作用水估按 5250m³/hm² 计算，尽量防止失水并循环利用，分批补充 2625m³/hm²，总计 7875m³/hm²，稍多于开放式灌溉定额，将可取得四作收获，并能继续经营下去。进而利用传统栽培、养殖技术的精华，辅之以遗传工程、人造土壤、无土、水耕和气耕栽培，加上生长激素、促成和肥育等配套技术措施，将能在 1 年内取得温饱，2 年小康，3~4 年可以达到所在县市城镇中等以上的生活水平。事属创新，虽在微观上是一件具体的工作，但其实质却是一项复杂有序的系统工程；初期投入较高，观念更新和技术准备不足；但超前进行试点，事在可行，当前已被几个防沙治沙、建设绿洲的重点示范区采纳。

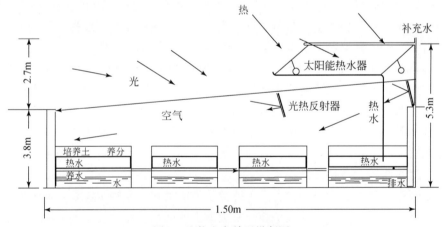

图 3　生物生产单元纵断图

当前更突出重要的是以景观生态学和控制论为理论基础的生态控制系统工程学，其应用部分的核心就是动态跟踪监测预报系统。如果说是为了吃饱吃好，才种地生产粮食，饲养家畜；而造林种草，人都不能吃；要在风沙灾害严重的土地上，以水定产，林草先行；这在经济发达的国家和地区都难以进行的工作竟在我国成为现实，它不仅没有影响农作物的栽培和动物的饲养，反而取得了以林促牧、以牧支农、农林牧同步发展的实效。开展建设较早的地方，人们已经生活和从事生产活动于绿荫环绕之中，风沙逼人的面貌也开始有所改善！新中国成立以来，事物的发展并非都是一帆风顺的，成功、失败和反复也不足为奇。在生物群体中，人是万物之灵，然而人类对环境和自然的了解不仅知之甚少，而又非常局限。我们希望可感知变量和可控制变量越多，则对客体的改造能力越大，但这只是良好的愿望和追求的方向，而生态控制系统工程独到的特点，恰在于只明确客体（目标）和方向。在控制系统中称为"逐步逼近目标法"，用之于生态控制系统就更合适，这是因为生物的生命时间跨度较短，是靠世代更替来扩展时间跨度的。因而即使人类干了些傻事、笨事或错事，改正和改造都很容易，尤其突出的是，只要处理得当，和工业产品不同，生物产品就没有废品。

不只是在生物生产事业内部，在农林牧特渔之间，生物生产和工业生产以及社会、经济间，都存在着相互影响、相互促进和相互制约的内在联系，而生态控制系统工程学中的另一个核心就是要研究在运动过程中巧于协调上下左右各方面的关系，最大限度发挥其相互促进和互补的一面，而将其相互制约和抵触的一面控制到最低限度。如何促其实现，关键在于动态跟踪监测预报。作者孜孜以求多年的"动态跟踪监测预报系统"的研究成果得以纳入现已开始的全国沙漠化普查和监测工作之中，为防沙治沙、建设绿洲奠定坚实的科学基础，并在动态跟踪监测预报的实践中，促使我国的绿色革命事业进入现代科学的轨道。

3　面对现实和展望

近年我国以防护林体系建设和防沙治沙工程为中心的绿色革命建设事业得到了蓬勃的发展，举世瞩目。从局部（有时可达几千平方千米）上看，都已取得了生态效益、经济效益和社会效益同步实现的动人景象，但从宏观或总体上看，治理和发展的速度还不足以抵御退化和破坏的速度，仍处于恶性循环之中，这是我们面临而不能回避的现实。值此国际风云汹涌无常之际，我们要在21世纪赶上世界经济发达国家的中等水平，形势逼人，当前已进入决战阶段。为此，关键在于观念的更新，首先是面对当代人类赖以生存的地球（或祖国），既要满足当代人及其后代的需要，又要不留后患，保持稳定的持续发展；必将步入集自然科学、社会科学、经济、文化等诸多因素于一体的复合系统工程。依靠现代科学的勃勃生机，运用控制论的方法、动力学中运动稳定性的机制和工程手段进行系统分析，动态监测预报，实施宏观调控，以期能科学、有序地调动亿万群众为解决人类生存、繁衍和持续发展的巨大潜力！方法、机制和手段具备之后，起决定性作用的是指导思想，在这方面我们具有无比的优势。机遇难得，而机遇又总是和风险伴生，"善良战胜邪恶"，要维护人类未来和昌盛，实践证明，只能靠"自力更生"和人类自己的能力与智慧，向自然夺取生存、繁衍和昌盛。所以，只有先下定决心，才能抓住机遇，还要能顶住风险，然后才是依靠科学，就能巧于索取，但还必须拼命工作，才能得到财富和安宁。有了指导思想，科学才能发挥第一生产力的作用。我们之所以强调使用生态控制系统工程学，因为她能在生产、开发和建设与动态进程中，巧于向自然索取维护人类生存和繁衍所必需的自然资源，更多地留给子孙后代，同时又能巧于协调上下、左右、各方面、各部门和各行各业的相互关系，力求发挥其相互支持和影响的有利方面，而将其相互抵触和损害的部分制约在最小限度。科学要超前于生产，才能指导生产，但不能纸上谈兵，要把精彩的研究成果首先写在祖国的大地上，洒向人间！

（原文引自：中国生态农业学报，1996，4（2）：5-16）

持续发展是小流域治理的主旨

关君蔚，李中魁

（北京林业大学水土保持学院，北京，100083）

摘要： 山丘区小流域存在的基本问题是自然、经济条件恶劣，产业结构不合理，科技教育投资少，人口过多和文化素质低，这一严峻现实不允许小流域治理走高投入—产出的道路。根据我国的具体情况，小流域治理应在坚持公平性、持续性、和谐性、需求性、高效性和阶跃性的基础上，充分开发利用小流域的各种自然资源、劳动力、投入、科学技术的潜力和某些资源的潜在生产力，以求得小流域持续、稳定、协调地发展，在获得短期效益的过程中，不损害后代人的长远利益。

关键词： 小流域治理；持续发展；生态子系统；经济子系统；社会子系统

在地球上，全人类面临的最大危机是人口、资源、环境与粮食，水土资源及其利用是这四大危机中的最基本问题。在中国这样一个人口众多、水土资源十分有限的国家，随着人口的继续增长，资源进一步短缺，因某些产业开发缺乏环境预估而造成的环境污染、土地资源浪费和各种类型水土流失的发生，特别是市场经济的运行与发展将使有限的水土资源及其他自然资源的保护、利用、更新问题成为制约社会生产力发展的主要因素。我国山丘区占国土面积 150 万 km^2，这些土地在各种类型的侵蚀营力的作用下，土层变薄，地力衰减，作物产量低而不稳。有些地方土层冲光，岩化面积扩大，山区生态环境日益恶化，同时经济社会条件也受到严重影响，人民的物质和文化生活水平低下，身体素质和文化素质难以提高。因此，研究山丘区农业生产如何走出低水平循环，提高群众的生活水平是发展山区经济的一项重要任务，而小流域治理正是通过对一个集水区内的土壤、山地、水资源的合理利用，农地、林地、牧地和果园的统一规划与布设，采取林草工程、蓄水保土和农业技术措施，并以各种科学管理方法为手段实现对水土资源的有效管理和合理利用。

据统计，我国有 8000 多个小流域，山丘区小流域存在的基本问题有以下几种。第一，自然条件恶劣，水资源缺乏或年际与年内分配不均，水土流失严重，土地生产力较低下。第二，产业结构不合理，导致农、林、牧用地和资金投放的比例失调,劳动生产力低下。第三,科技教育投入少,农民文化素质低,生产的短期行为和缺乏持续发展意识造成对自然资源的毁灭性利用和破坏,或毁林开荒,陡坡耕种,或"掘地三尺,毁地淘金",或"围塘造田,竭泽而渔",等等。第四,经济基础薄弱,缺乏必要的生产生活设施,农民无力承受因各种意外事件导致的粮食绝产和缺少其他最基本的生活资料、环境条件和生活的需要,迫使他们扩大耕种面积以得到足够的粮食,但结果却是越垦越穷,越穷越垦。

严酷的现实是,中国在仅占全球7%的土地上养活着全世界22%的人口,人均土地面积只有1.14亩。因此,在一个小流域我们不可能实行土地休闲轮作,这就要求土地利用目标一是要有较高的产出,为现有人口提供一定的生活资料;二是要有持久生产力,不仅为现代,而且也为后代继续利用。按照这一思想,小流域治理的总体规划、措施设计与实施以及利用和发展,都必须遵从持续发展的基本原则。

1　小流域持续发展的必然性

小流域是生态子系统、经济子系统和社会子系统组成的复合系统,人类活动是影响复合系统的主要因子,土地、森林、草原、河流、空气、光、热等是生产的基本资料,它同人为施加的种子、化肥、农药等相互结合,形成小流域最基本的生产系统,通过这一系统实现了生态系统中太阳能、生物能、矿化能和各种潜能同经济能量的相互转化。一般来说,能量的大量投入会创造出更多的经济物质,为社会创造更多的财富。但是,经济物质消耗过大,其有害物质也会大量增加,污染生态环境,更重要的是对水土等自然资源的浪费、破坏严重,因而难以保持持久的生产力。曾经在西方国家盛极一时的"石油农业",是以高能量换取高产量,以化学药剂防治病虫害、消灭杂草,结果是生产输入的能量远远超过了生产收获的能量。尤其令人担忧的是,它引起了严重的环境问题:大量直接燃烧汽油及无节制地使用化肥和农药,一方面造成大气、水源污染;另一方面使害虫增加了抗药性。由于忽视了有机肥料和覆盖物的作用,大量采用机械操作加快了自然生态的破坏,土地裸露、风蚀加剧,土壤严重退化,造成了严重的风蚀和水蚀,破坏了大量农田。我国是一个农业大国,随着工业化进程的加快和改革开放政策的进一步贯彻落实,人们视野的逐步开阔,山丘区的小流域在经历了传统农业的漫长年代之后,看到了"现代农业"的诸多优点,有不少地区大量使用化石燃料、化学肥料和有机农药,虽然在经济等因素的限制下,化肥用量还不足以引起土壤性质恶化等后果,但是,农村的空气、水源污染事例却并不少见。党的十一届三中全会以来,数以百计的乡镇企业和煤矿、金属矿的采掘,在为小流域经济系统发展工副业,创造高额经济收入的同时,却造成了环境污染、水土资源破坏、作物生长异常、产量下降和产业结构失稳的后果。自 20 世纪 70 年代以来，美国和西欧等国家和地区为了摆脱"石油农业"所带来的一系列弊端的困扰，使农业能够持续发展，相继开始寻找和探索有别于常规农业的"替代农业"模式，其中，持久性农业是近年来在美国出现的受到各国政府和科学家关注的一种替代模式。

可以说，持续发展是人类发展到今天这种地步的必然选择。我国小流域严峻的自然环境条件、经济社会条件不允许走高投入高产出的道路，经济实力也不允许小流域治理走盲目投入的道路，持续、稳定、协调地发展是小流域治理的必由之路。

2　小流域持续发展的内涵

按字源上理解，持续发展是指事物永续不断地由低层次向高层次的运动和变化过程。持续发展的思想在人类历史上早已存在，也一直是人类所追求的期望目标。我们的祖先不仅具有朴素的持续发展思想，而且提出了一些在生产中实现持续发展的途径，"地力常新"就是其中之一。南宋《陈敷农书·粪·田宜》篇中有"……或谓土敝则草木不长，气衰则生物不逐，凡田土种三五年，其力已乏……若能加新沃土之土壤，以粪治之，则益精熟肥美，其力常新壮矣，抑何衰之有"。清朝时期的《知本提纲》中有"产频气衰，生物之胜不逐；粪沃肥滋，大地之力常新……"，即在农田养分不断输出的情况下，只要及时补充，则可以使"地力常新"，农田生态系统的养分状况得到维护和提高，从而促进和保证农业生产的进一步发展。

小流域生态、经济和社会复合系统包含着人口、环境、资源、物资、资金、科技、教育、生产、商品和管理等基本要素，各要素在时间和空间上，以人们的物质和精神要求为动力，通过投入产出链、科技管理手段和各种因素的相互作用，使该复合系统表现出功能。面对人口与人力资源问题、粮食问题、水土流失问题、有限的土地资源问题、低的土地生产力和环境人口容量问题、农民身体素质和文化素质不高问题，以及有限的物质和资金投入问题等，小流域治理必须以系统、综合、动态的观点搞好规划、设计、实施和评价工作。具体来说，以持续发展为宗旨的小流域治理应坚持以下原则。

（1）公平性。所谓公平性是指机会选择的平等性，它包含两层含义，一层是指世代之间的纵向公平性，这是小流域持续发展和传统发展模式的根本区别之一。在传统发展模式中，公平性没有得到重视，小流域水土、林草、农田等资源的开发利用缺乏统一管理和合理利用，当代人为了维持或追求与资源条件不相适应的生活水平，草皮铲尽，森林砍光，随意占用农耕地大兴土木，各种厂矿企业拔地而起，使可耕地面积越来越少。消耗和浪费了许多应属于后代人的资源。从伦理上讲，未来各代人应与当代人有同样的权利来提出他们对资源与环境的要求，持续发展要求当代人在考虑自己的需求与消费的同时，也要对后代人的需求与消费负起历史责任。小流域治理应以保证各代人的生存为首要任务，在生存的基础上求发展，而不能与此相反。

（2）持续性。小流域系统在受到某种干扰时，仍能保持其生产力。资源、环境与稳定的社会系统是小流域人类群体生存发展的基础条件，离开了资源与环境就失去了生存与发展的物质基础，没有一个稳定的社会系统就没有物质发展的组织保证。持续发展要求人们根据持续性的条件调整自己的生活方式，在生活条件可能的范围内确定自己的消费标准。因为同后代人相比，当代人在资源开发和利用方面处于一种"前不见古人"的无竞争的主宰地位，所以，不少地区的小流域片面追求当代人的富裕和不切合实际的生活水准，或出卖土地资源换取高级生活享受，或毁掉土地资源兴办砖瓦厂等乡镇企业，或毁林开荒获取更多的粮食或其他财物等，这种行为不但对当代人是不明智的，而且对后代人是不道德的。

（3）和谐性。从广义上讲，小流域持续发展的战略就是要促进人类之间及人类与自然环境之间的和谐。世界银行总裁巴伯·科纳布多指出："和谐的生态就是良好的经济"，我们则认为，小流域内生态、经济和社会3个子系统的和谐就是治理的最好效益。在安排小流域农业、工业、建筑、运输、商业及其他生产部门和科技、教育、文化、卫生等部门的活动，或进行农、林、牧业土地资源的分配和利用时，如果都能考虑这一行动对其他人（包括后代人）及生态环境、社会、经济系统的影响，并能真诚地按"和谐性"原则行事，那么人与人之间及人与自然之间就能保持一种互惠共生的关系，也只有这样才能使小流域得到全面发展，维持长治久安。

（4）需求性。小流域受中国传统经济学模式的影响，在自然条件的限制下，生产发展的目标主要是追求经济的增长（通过国民生产总值、纯收入或粮食产量来反映），这就使得一些地方忽视资源的有限性，只顾眼前利益立足于市场发展生产。随着我国市场经济的发展，这种趋向将更加普遍，它不能不使有限的水土资源等造成前所未有的压力而导致恶化，而且一些基本物质仍然不能得到满足。坚持小流域的持续发展就是坚持公平性和长期的持续性，强调人的需求而不是市场商品，是要满足所有人的基本需求，向所有人提供实现美好生活愿望的机会。

人类需求是由社会和文化条件所决定的，是主观因素和客观因素相互作用、共同决定的结果，并与人的价值观和动机有关。同时，人类需求是一个动态变化过程，随着社会文化而发展。旧的人类需求被新的人类需求所代替，有人把这种需求分为基本需求、环境需求和发展需求，其中，基本需求是指维持正常人类活动所必需的基本物质和生活资料；环境需求是指在基本需求得到满足后，为了使自己的身心更健康，生活更和谐所需求的环境条件；而发展需求则是为了使生活更充实和进一步向高层次发展所需要的条件。实际上，各种人类需求常常交织在一起，提出一个清楚的划分几乎不可能。但是，无论哪一种划分方法，都包含着既满足当代人的需求而又能持续发展，不损害将来的发展和后代人利益的原则。所以，小流域治理与开发必须掌握好对资源的保护和适度利用。

（5）高效性。小流域持续发展的高效性不能只是根据经济发展速度来衡量，更重要的是根据人们的基本要求得到满足的程度来衡量，即高效是指小流域整体发展的综合和总体的高效。自然条件的改善、经济社会的发展，以及人民物质、精神生活水平的提高等各方面综合才能反映流域整体现状。小流域治理不仅应从防治水土流失、提高土地生产力、增加植被覆盖面积、以及提高农民的收入水平、发展社会生产力考虑，而且应从发展教育、改善医疗卫生条件、提高农民物质和文化水平等方面考虑，如果只有物质条件的改善或经济效益的增长，而人的素质或社会子系统的文化教育、科研、娱乐等没有得到足够的发展，就不能说流域治理取得了整体效益，也就谈不上流域发展的高效性。

（6）阶跃性。小流域持续发展以满足当代人和未来各代人的需求为目标，而随着时间的推移和社会的不断发展，人类需求的内容和层次将不断增加和提高，因此，小流域治理应包含不断从低层次向高层次的阶跃性过程。黄土高原11个试区小流域综合治理的成果说明，从改革当地传统农业、调整农村产业结构、控制人口增长和提高人口素质等方面考虑，制定相应的治理规划并付诸实施，经过三五年的治理，流域的生态经济和社会状况都发生了显著变化，特别是小流域治理的经济效益呈持续增长的趋势。从高效性的要求来衡量，还必须有充分的科技、教育、文化、卫生等方面的投入，使社会子系统的各方面得到改善，才有可能使小流域复合系统继续阶跃性发展。

小流域传统发展模式正处于一种困境，农民对原来的生产、生活方式也感到困惑和怀疑。传统的"以农为本"的生产观念在改革开放新观念、新思潮的影响下，正在不少地区发生动摇。不少人弃农经商，搞长途贩运，发展家庭副业，或集资办厂，或"靠山吃山"，在科技指导下，农民的生产水平已有不同程度的提高。这些变化单纯依靠发展农业是不可能实现的。然而，在满足当代人物质文化生活需求的同时，必须为后代人的可持续发展着想，我们不能把矿产、森林和土地资源等耗费太多，不能为了追求当代人短期内的高速发展而夺取应属于未来人的财富，况且，在全面改革开放的新形势下，只要抓住有利时机，解放思想，完全有可能通过其他途径促进小流域经济社会的发展。为了当代人也为了后代人的利益，治理小流域必须坚持持续发展。

3　小流域持续发展的可行性

　　小流域治理的根本目的在于充分发挥水土资源和植物等其他资源的生态效益和经济效益。并通过资金、劳力和科技文化等外部投入获得广泛而持久的社会效益。如上所述，为了达到这一目的，小流域治理只能走持续发展的道路。那么，自然、经济和社会条件能满足这一要求吗？

　　（1）自然资源潜力。小流域不仅有土地资源、水资源，还有各种动植物资源，而且，许多地区未对丰富的光、热资源给予足够的重视和利用。只要我们能合理利用水土等各类有限的资源，充分利用风能、光热能资源，增加化肥等投入，发展畜牧业，提高森林覆盖度，保持水土，并重视"土壤水库"效应，建立节水型工农业生产体系，就可以达到合理利用自然资源和维持持久生产力的目的。

　　（2）劳动力潜力。首先应当承认，不少小流域的人口发展呈失控状态，它一方面给整个流域的经济、社会发展和系统的整体功能造成巨大障碍和压力；另一方面也为流域发展提供了充足而丰富的劳动力资源和最大的发展潜力。从整体上来看，许多小流域劳动生产力低下，造成这一后果的原因除劳动者素质不高以外，管理系统功能不完善也是一个重要因素，它使生产力要素中最积极、最活跃的劳动力要素迟迟不能转化为现实生产力。我们认为，由于历史上政策的失误，造成今天的人口压力是一个错误，但将已成长起来的劳动力闲置不用则是更大的错误。在中国的山地丘陵区，劳动力丰富与资源紧缺是社会经济系统与生态系统的一大矛盾，它决定了在相当长的时期内，要大力发展劳动密集型产业，以低价格的劳动力替代资金和昂贵的劳动工具，并使劳动产品能够公平分配。

　　（3）投入的潜力。投入是指对小流域引入和运用新的生产要素，加快传统农业的改造，包括资金投入和物质投入两个方面。在不少地区可以发现，经济社会发展的主要限制因素是投入太少：化肥投入少不能提高产量，建设资金少不能修梯田，林业投资少不能提高植被覆盖率，教育投资少，群众文化素质低等，从而导致小流域复合系统的整体功能低下，因此，如果增加对这些方面的投入，小流域系统的情况将会得到改善。

　　（4）科学技术的潜力。各小流域的人口在继续增长，但耕地面积却在日趋减少，人口与资源的矛盾越来越突出，到2000年要保持目前人均400kg粮食的温饱水平，实现小康目标，并向更高的目标迈进，保持长久的生产力，离开科学技术是不可能的。据有关资料，目前，我国农业科技成果转化率仅有30% ～40%，如果能够有效地克服技术开发和推广的各种障碍，健全技术推广体系，使这一比例继续提高，那将对小流域农业生产发展带来不可估量的深远影响。具体措施包括改进灌溉技术（包括节水技术）、合理施用化肥和推广良种。

（5）某些资源的潜在生产力。由现代生产力发展水平所限，某些资源（包括自然资源、人口资源和资本资源的总和）在被开发利用，用于满足人类的生产和生活需要，而其他许多资源目前还难以利用或尚未发现。随着科学技术的发展，这些自然物质和能量等"潜在资源"将被开发利用，从而为小流域的持续发展提供资源保证。

4　几点建议

（1）严格控制人口数量，从多方面提高人口素质。小流域环境人口容量是有一定限度的，过多的人口将对整个系统造成沉重压力，阻碍社会生产力的发展。因此，要普及教育，发展职业培训，提高劳动者的文化和技术等方面的素质。

（2）根据小流域的具体条件，把发展速度控制在适当水平。中国山丘区小流域大多自然条件恶劣，生产水平低，如果发展目标过高，要求速度过快，超越了实际生产能力，必然造成一哄而起，大起大落，导致对小流域复合系统的严重破坏，而持续、稳定、协调的发展将使小流域维持复合系统的长久功能。

（3）合理利用自然资源，充分利用人力资源。人类的繁衍与发展是长久的，但小流域的自然资源是有限的。我们不能为了追求一时的繁荣而将后代人的资源作为代价。应当大力发展劳动密集型产业，广开就业门路，降低能源和资金的投入量。

（4）加强小流域持续发展意识教育。要使农民知道他们面临的严峻现实和应负的历史责任，既要提高当代人的生产、生活水平，也要为后代人的生存与发展着想。

（原文引自：水土保持通报，1994，（2）：42–47）

西部建设和我国的可持续发展

关君蔚

（北京林业大学水土保持学院，北京，100083）

我国西倚欧亚大陆中心，东南沿海，处于大陆性气候和东亚季风气候的控制下。季节性干旱和土壤水分亏缺等淡水资源不足，是涉及全国的问题，而西部尤为突出。国土陆地总面积为 960 多万平方千米，承载着 13 亿人口；其中，被切割破碎的崎岖不平的高原和山地丘陵占 60% 以上，极端干旱的戈壁和沙漠约占 10%；而赖以生产粮棉的耕地，也只占 10%，按人均仅有 0.08 hm² （1.2 亩）。我国有着悠久的文化历史，但在新中国成立前夕，和世界上其他古老的国家相似，干旱、风沙、水土流失、盐碱沥涝、冰雹霜冻、荒山秃岭、千沟万壑，是受生态灾难严重威胁的国家之一；这是旧社会留给我们的惨痛遗产。新中国成立以后，虽也几经迂回和困惑，但实践证明，我们在只占世界陆地面积 7.1% 的国土上，承载着全球总人口的 21.8%，即 13 亿人基本上取得了温饱，正向小康迈进，举世瞩目。

我国当前面临的实际问题是，迄今我国经济基础仍未脱离发展中国家的行列；温饱只是对农业的初步要求，当前对农业和农村建设的需要，不仅是粮食生产，其关键是 7 亿~8 亿在可见的未来，尚不能离乡的农民，尤其是集中于西部的老少边穷地区，不仅要把河山装成锦绣，还要在 2050 年前，使我国的经济基础达到中等发达国家的水平。虽从当代科学方法预见是可能的，但能否成为现实？

新中国成立以来，半个世纪的实践证明，尽管凡是经过治理的地方，都已取得了相应的实效，但从总体上看，仍处于治理的速度赶不上破坏的速度以及恶性循环发展之中，西部就更为突出。但是，我国革命圣地——延安和陕北榆林，已成为众所周知山川秀美的典范。青海互助的西山和河西走廊祁连山的水源涵养林都已取得公认的实效。20 世纪 60 年代，赣南革命老区兴国县已形成"红色沙漠"，1980 年统计就有 400 多户投奔他乡。经全县上下苦战十几年，现在不仅森林覆被率提高了 20% 多，并且硬靠人力挖掘卧牛沟，换土培育优质蜜柑，抢占了国际市场。1996 年已有原逃奔他乡的 108 户，又回乡安家落户，都已盖上了新房。在几个大沙漠围困之中的民勤县，平均年降水量仅 100mm 多一点，新中国成立后，全县几代人艰苦奋斗，硬是从沙进人退的逆境中，转变为"人进沙退"，而且步步为营，已把水浇地推出长城以外！东川市的小江流域是长江的心腹之患，经过 20 多年的治理，1998 年长江遭遇特大洪水，最危险的 5 次洪峰正在东川，小江流域除了出现一定规模的崩塌外，多条潜在危险较大的泥石流沟均经治理，不仅新增万亩以上的生产用地，还开展了旅游事业。虽距现代科学高标准的防治还有一定差距，但取得的实效不仅可以证明泥石流不是不可抗拒的自然灾害，且得到了国际上的赞许。1999 年委内瑞拉爆发规模庞大、毁灭性成灾剧烈的泥石流，在呼吁国际救援时，公推我国为代表前往支援，制订具体方案后，再次现场指导减灾救灾和治理工作，为国家争得荣誉。无疑这些成就的取得也包括更多失败教训的求实总结，来之不易，毕竟实现在祖国的大地上，事实俱在，得到国内外认同。所以，我们的结论是：我国西部的可持续发展，非不能也！

（原文引自：世界林业研究，2000，13（2）：4-5）

防护林体系建设工程和中国的绿色革命

关君蔚

（北京林业大学，北京，100083）

早在 1978 年在国务院批准三北防护林体系建设工程时，就强调指出："我国西北、华北北部和东北西部，风沙危害和水土流失十分严重，木料、燃料、肥料、饲料俱缺，农业生产低而不稳。大力植树种草，特别是有计划地营造带、片、网相结合的防护林体系是改变这一地区农牧业生产条件的一项战略措施。"这最后一句是总结当时国内外自古以来的实践经验和科学成果。20 年来，几代人在旧社会留给我们的老少边穷、缺林少林的干旱山沙地区，创造出延安、榆林、赤峰、吉县和朝阳等初步步入山川秀美的县市，来之不易。进而和更多的市县组成的三北整体也取得了喜人的变化，自应受到珍视。缅忆在起步之初，有幸曾参与其事，并在开始几期的研讨班上与来自区内的局市盟县旗的领导和同行重点讨论过："有计划地营造带、片、网相结合的防护林体系，是改变这一地区农牧业生产条件的一项战略措施。"当时班内外仍有不同意见。初步总结成我国防护林体系构成图（图1）。

水是生物的命脉。绿色植物的出现就会吸取空气中的二氧化碳，排放出氧气，才为喜氧生物提供发生的条件。人类出现以前，地球上，陆地表面的自然景观已是由两极和高山终年积雪、苔原、草原、森林和沙漠所组成，为人类的出现提供了初始条件。就单位面积而言，森林的总生物量和年净生物量都是最大的，为喜氧生物提供氧气的能力也最强。进而饮水思源，一片森林长在那里，就能承接雨雪水，吸取其中的一部分，维持自身的生长和繁衍，其余的经过林地土壤的净化作用，变成涓涓清流，流向尽头。到今天，人类基本上仍属陆地上的底栖生物，水、土地和人类以外的生物量是环境为人类的出现提供的条件，也是维护人类生存和繁育的物质基础。所以，没有绿色植物就没有动物，没有森林就不会出现人类。展望未来，人类也难以生存于没有绿色的世界，这就是森林的多种功能。

20 世纪 90 年代初，平原绿化、京津周围防护林体系建设工程、长江中上游防护林体系建设工程和沿海防护林体系建设工程相继启动，导致在世界八大生态系统工程中，我国独占其五，这在经济发达的国家和地区都难以大规模、有计划地进行和坚持的生态工程，竟然在我国，尤其是从最困难的三北防护林体系建设

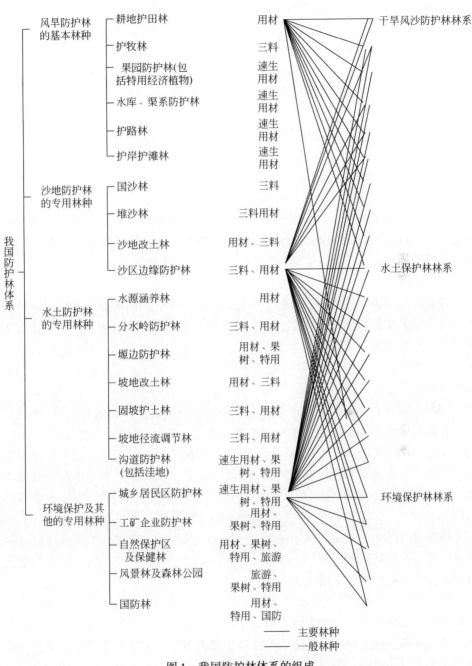

图1 我国防护林体系的组成

工程起步，不仅没影响粮食生产和畜牧事业的发展，反而取得了相应的"以林促牧，以牧支农，农林牧综合发展"的实效。凡在认真建设的地方，人们已经生活工作在绿荫环绕之中，荒山秃岭、风沙逼人的荒凉面貌都已取得了应有的改善。这个奇迹的出现不仅为举世所关注，也应引起我们的珍视和深思！

我们认为：在最困难的条件下开始起步要经过长期的阵痛，但却是研究成果可靠性的标志。其规律是在极为困难的条件下，可以谋求成功；在较好的条件下就更易于成功。

进而在具体问题上，借与国际合作的机遇，在几个县的范围突破了"多年造林不见林"的积习，把分散在全国各地（大部分在边远人迹罕至地区）的林业工作做到了地块落实，把造林及其经营纳入了工程管理的轨道。影响所及，从20世纪80年代后期凡是经过航测或有1∶5万地形图的地方，经林业的二类半调查的结果，就是全国林区和缺林少林地区防护林体系建设工程规划设计的基础和依据；也是国土整治、土地利用、土壤普查、农用耕地，草场、草地利用和大环境规划设计的基础和依据。我自幼迷恋于摄影，1939年开始接触到空视和航摄，自然而然地全力支持3S，但运用这些成果的实效却取决于判读，尤其是现地判读。

我们突出的失误主要在于局限于广义的农业内部之间的关系（实际上也可以认为是生态系统的范围内），而忽略了与工业、城市、宣传教育、文化艺术、生活休养、旅游和医疗保健卫生等方面的关系。值此举世瞩目于人类可持续发展之际，"山川秀美"一声惊雷，震醒我们于昏聩之中，重新唤起遗忘了的"中国的绿色革命"。

"绿色革命"是在20世纪60年代，当时的联合国秘书长吴丹（U. Thant），一位虔诚的佛教徒，基于杂交水稻的成功，说过："……将是一场根本性质的革命变革——也许是最富于革命精神的人们从未经历过的一场变革。这一场变革意味着什么呢？在朦胧中显示的是"绿色革命……"。如果说"杂交水稻"是前奏曲、生物生产事业的革命，今天的中国，已揭开朦胧的面纱，显示出矫健的面貌。

1992年J. Spets WRE，M. Hololg ate INCD，M. Tolba UNEP共同编写的《生物多样性保护战略》（*Global Biodiversity Strategy*）中引用了一张属于古代东方文明的佛教图，转引如图2所示。

但是不能靠"佛爷""上帝"或自然的恩赐，只能靠自己的力量去夺取！工业技术革命发展到今天，严重地威胁着人类的未来和自然环境。只要人类还要生存下去，就必须找出符合今后需要的且科学和文明所要求的社会秩序。而这种科学和技术文明只能由人类自己来建造，这就是时代对人类的要求。实践证明，即使在我国当时经济条件尚不丰足，地少人多，环境失调，风沙干旱、水土流失严重的土地上，坚持和努力，可以取得粮食生产和多种经营同步，治穷和致富同步，生产建设和改善环境同步实现的成效。在人类历史上创建起的农业和文明的

图2 古代东方文明佛教图

故乡，包括人类在内涉及生物整体的大变革，称为揭开朦胧面纱的中国的"绿色革命"或"生态系统革命"，早已超前起步在祖国的大地上了。

至此科学的融合，已不仅限于现有各学科之间，基础科学、材料科学、技术科学和应用科学之间的融合，也不应限于与社会经济科学相融合；进而就要突破原始科学（science）的牢笼，还要和文化、教育和艺术相融合。几年来深受教导铭记于心的是钱老写在《科学的艺术与艺术的科学》中的一段话：

（1）中国的艺人应敏锐发现可以为文艺活动服务的新高技术；

（2）科学技术与文化艺术携手共进；

（3）希望文化艺术工作者帮助科学技术者搞好科学普及工作；

（4）希望文化艺术工作者能发挥科学技术者心中纷繁多彩的、复杂奇妙的、奥秘有序的、尚未被人知的世界和分野……

（5）希望文化艺术工作者用最拿手的艺术表达能力和手法去创造出前所未有的文学艺术：不是幻想，但像幻想；不是神奇，但很神奇；不是惊险故事，但很惊险。它将把我们引向高处，引向深处，引向远处……

"科学与艺术的结合"，这或许就是大科学家、大艺术家的智慧之源、创新之路、成功的奥秘！也是我们进行物质文明、精神文明建设之魂！当然还有在我国生前创建林业部，并任首届部长的已故梁希老学长的谆谆教导："志在黄河流碧水，愿将赤地变青山"。尤其是："既是新中国的林人，也是新中国的艺人"的超前思想，没齿犹新！

参 考 文 献

关君蔚．关于'生态农业'的探讨——兼论东方思维和绿色革命．1988. 12

关君蔚．我国防护林体系的建设和生态控制系统工程//中国林学会编．长江中上游防护林建设论文集．北京：中国林业出版社，1991

关君蔚．中国的绿色革命．中国林业，1990，（9）：12-14

J. Spets W RE，M. Hololgate INCD & M. Tolba UNEP. 生物多样性保护战略（Global Biodiversity Strategy）．日译本．1993. World Resources Institute Publications

钱学森．科学的艺术与艺术的科学．北京：人民文学出版社，1994

（原文引自：防护林科技，1998，（4）：6-9）

以现代科学为依据论述我国荒漠化及其防治对策

关君蔚

（北京林业大学水土保持学院，北京，100083）

　　编者按： 本报 6 月 21 日 A4 版以题为《科技是防治荒漠化之本》刊登了第 9 个世界荒漠化及干旱日的相关报道，并配合刊登了蒋有绪院士为《中国的荒漠化及其防治》一书所作的书评，在读者中引起了强烈反响，基于大多数读者对该书的兴趣与了解该书的愿望，本报特约中国科学院院士关君蔚解读该书。

　　荒漠化至今仍在全球扩展，是各国政府和人民共同关注的重大生态和环境问题。中国是《联合国防治荒漠化公约》（以下简称"公约"）的缔约国，积极地活跃在世界的舞台上，并多次受到联合国的赞扬。

　　防治荒漠化工作是较复杂、难度较大的系统工程，在学科上涉及多学科交叉，在技术上强调多门类的综合协作，特别是现在全国正处在加强生态建设和重视防治荒漠化的重要时期，有幸先睹由慈龙骏教授主持并邀请 20 多位科学家、学者合著的《中国的荒漠化及其防治》一书书稿后感慨良多。

　　首先，我们可以了解到，荒漠化过程是干旱生态系统与外界环境之间不断进行物质与能量交换的过程，是系统"熵"的无序过程。防治荒漠化工程，不仅与系统内部各要素发生相互联系和作用，又与系统外部环境相制约。这样，无序态有可能失去稳定性，非平衡和不可逆过程也可以建立有序系统，某些涨落可被放大而使体系到达某种有序状态。防治荒漠化就是要通过生物和非生物措施对退化土地进行重建，将已被扰乱了的生态系统恢复其有序状态，促使系统内部和外部的良性循环。

　　进而，系统论和混沌理论引入到荒漠化的理论中解释荒漠化形成的原因，系统地论述各种荒漠化类型，包括风蚀、水蚀（水土流失）、土壤盐渍化和冻融荒漠化的形成、分布、危害和防治模式，并总结和介绍了防治荒漠化的一些新思路、新模式和新经验。

　　该书面对 21 世纪新任务的需要，从科学发展观的角度出发，旗帜鲜明地提出了几个观点：首先，防治荒漠化是一项系统工程。荒漠化概念均以《公约》为依据；其次，强调了防治荒漠化必须运用先进科学技术，并结合中国实际情况和丰富经验提出综合防治模式。书中涉及的荒漠化生物气候区是按《公约》的具体要求，在大量调查研究和收集气象数据的基础上，采用桑斯威特公式按我国的实际情况进行了修改，将中国荒漠化地区划分为干旱、半干旱、干燥的亚湿润区。

这部专著的作者和工作人员涉及了近 20 个单位的科学家和科技工作者，他们在长期的科学研究、科学考察和生产实践为依据的前提下，经过近两年的严谨、认真和努力工作，听取多方面的意见，进行多次修改，完成了 100 多万字的著作。作者中大部分都是我熟悉的优秀专家，作为同行，我为作者们卓越的表现和出色的工作效率及忘我的工作精神感到由衷的欣慰。他们参与过的科学研究、考察和生产实践非常广泛，从 20 世纪 50 年代初至今的半个多世纪以来的科学积累、经验和前人的资料均为该书提供了参考。

中国科学院院士刘东生将该书评价为"这是一部关于我国荒漠化研究及防治的优秀科学专著，对我国荒漠化学科的发展和生产技术的进步将发挥重要作用"，该书在学术上的意义可见一斑。中国科学院院士孙鸿烈对该书给予了高度的评价，将该书称为"我国第一部系统地论述荒漠化及其防治的科学专著"。并认为，"在我国开发大西北、加强生态建设，防治荒漠化的重要时期，是一部值得推荐的著作"，可见该书在我国"建设和谐社会"的重大指导意义。更难能可贵的是，《公约》执行秘书哈玛·阿尔巴·迪亚洛在为该书作序的时候，明确指出："《公约》秘书处十分重视中国的经验，我相信这本书将对全球防治荒漠化事业产生重要影响"。朴素的话语中透出国际社会对中国学者的关注和信任。

（原文引自：大众科技报，2005-6-28）

关于建设水土保持一流学科的思考

王玉杰，王云琦，程雨萌

（北京林业大学水土保持学院，北京，100083）

摘要：加强学科建设是高等学校发展的必然要求。水土保持学科作为我国的特色学科，研究领域不断扩大，内容不断深入，因此，更应该注重学科自身发展，提升学科地位，凝练学科方向，加强平台建设，注重学科交叉，争创建设我国一流的学科体系。

关键词：水土保持；一流学科；学科建设

学科建设是高等学校建设的核心工作之一，是提高教学、科研及社会服务功能和水平的重要基础[1]。学科的发展水平代表着一所高校在国内外的地位标志[2]。随着我国高等教育的发展，学科的重要性已被广大教育学者达成共识，加强学科建设，合理调整学科结构，培养符合当今世界发展要求的优秀人才，是我国高等学校的重要任务。作为国家重点学科，水土保持与荒漠化防治学科经过50多年的发展，其内涵和外延都有了很大的丰富和扩展，经过长期的探索与实践，水土保持与荒漠化防治学科逐步凝练了具有适合我国当前国情发展的学科特色与发展方向，为国家经济建设与社会发展输送了大量专业人才。

我国是世界上水土流失与荒漠化危害最严重的国家之一。近年来，国家对水土流失治理与荒漠化防治等生态环境问题给予了高度重视，并列为中国生态环境建设规划的核心内容。中共十八大会议提出了"生态文明建设"，并将其列入了"十三五"规划重要任务，这赋予了水土保持事业新的历史使命。新时期的历史使命给予了水土保持学科新的机遇与挑战，对于进一步深入探索学科发展，促进一流学科建设具有重要的意义。

1 掌握国内外水土保持学科发展，为创建一流学科创造机遇

1.1 国外水土保持学科发展现状

学科是一定科学领域或一门科学的分支，是人类通过长期活动产生的经验积

累，并经过思考、归纳转化上升为知识，知识再经过创造、积累、完善等过程，进一步发展到科学层面上形成独立完整的知识体系。由于世界各国的科技、文化发展水平不均衡，以及水土流失危害特点存在差异，各国建立了具有本国水土保持学科相关领域特点的高层次人才培养机构（表1），并经过近100多年的发展，形成了欧洲荒溪治理学、日本砂防工程学和防灾林学、美国土壤保持学等不同特色的水土保持学科体系。为适应学科发展及行业成熟发展的需要，世界水土保持协会于1983年在美国夏威夷成立，协会成立的目的在于为世界各国从事水土保持及其相关学科研究的专家、学者提供一个交流的平台，推动世界水土保持，保护水土资源。随后，2003年经过充分交流与协商，世界水土保持协会在北京设立秘书处，日常工作由国际泥沙研究培训中心负责。截至目前，协会会员从2002年的600多名发展到现在的1125名，所覆盖的国家与地区从60多个发展至82个，这不仅便于国际水土保持交流资源的整合，也促进了国内水土保持行业间的技术交流与信息沟通。

表1 国外水土保持学科体系与高校开设情况

国家及地区	水土保持学科体系	相关高等学校	研究方向
美国	水土资源保护、土壤保持、流域管理和复合农林	普渡大学	土壤保持
		加利福尼亚大学、北卡罗来纳州立大学、杜克大学、俄勒冈州立大学	水文
		林肯大学	土壤侵蚀
加拿大	土壤侵蚀	纽布伦斯威克大学	土壤侵蚀
		萨斯喀彻温大学、曼尼托巴大学	土壤
日本	砂防工程学、防灾林学	东京大学	森林水文
		京都大学	环境科学
欧洲	荒溪治理、河流土壤侵蚀、水土工程	慕尼黑大学	水土工程
		赫尔辛基大学	水文
		维也纳农业与科学大学	荒溪治理
澳大利亚	水土资源保护	阿德莱德大学	水土资源保护

1.2 国内水土保持学科发展

图1为我国水土保持学科发展进程，该学科于1952年始建于北京林业大学，1958年北京林业大学将其设置为水土保持专业，1980年在北京林业大学成立了水土保持系，1981年批准为全国第一个水土保持学科硕士点，1984年批准为全

国第一个水土保持学科博士点。1989年，北京林业大学水土保持与荒漠化防治学科被国家教委确定为第一批国家级重点学科，2002年再次确定为国家级重点学科。该学科点的确立极大地促进了水土保持高等教育质量的提高，同时培养了大批水土保持领域的高层人才，并投入到我国经济建设中，也带动了全国其他高校与科研单位水土保持高层次人才培养的蓬勃发展。同时，中国水土保持学会于1985年3月由国家经济体制改革委员会和中国科学技术协会批准成立，学会组织召开专业性的国际学术交流会议，共同开展水土保持及相关研究领域的学术交流，也为水土保持学科的建设拓宽了发展渠道。

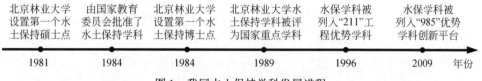

图1 我国水土保持学科发展进程

由于我国高等教育对该学科的重视增强，水土保持学科地位得以不断巩固。据统计（图2），设有水土保持专业的本科院校从20世纪50年代北京林业大学一所高校发展至包括西北农林科技大学、内蒙古农业大学、南京林业大学、东北林业大学等在内的21所高校；全国现有北京林业大学、北京师范大学、中国农业大学、中国科学院水利部水土保持研究所、中国科学院成都山地灾害与环境研究所、中国科学院地理科学与资源研究所、中国水利水电科学研究院、中国林业科学研究院等48所高等院校招收水土保持与荒漠化防治硕士研究生，而80年代初仅北京林业大学、西北农林科技大学与内蒙古农业大学设立硕士点；北京林业大学、中国农业大学、西北农林科技大学等11所高等院校及研究院所设有水土保持与荒漠化防治博士点。伴随着50多年的学科发展，其研究领域也不断拓宽，

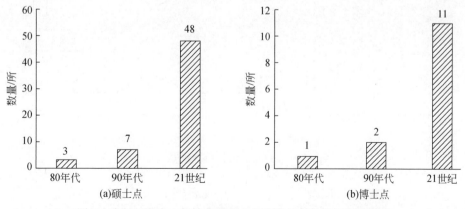

图2 我国开设水土保持本科硕士点及博士点高校与机构情况

形成了具有我国特色的水土保持学科领域，其内涵不仅包括解决水土流失、荒漠化、湿地、开发建设造成的脆弱和退化生态系统等传统生态安全问题，也涉及亟待解决的新的生态环境与社会问题。

2 加快创建世界一流学科步伐，建设具有我国特色的学科体系

中国科学评价研究中心利用 ESI 和 DII 这两种权威工具作为数据来源，集中科研力量对世界大学及一流学科的科研竞争力评价进行了较为系统和深入的研究，并且研发了《世界大学科研竞争力排行榜》《世界科研机构（包括大学、研究院所）科研竞争力排行榜》（分 22 个学科专业）和《世界大学科研竞争力分基本指标排行榜》[1]。研究显示，我国高校建设与国外一流高等院校相比还存在一定差距，图 3 对比了世界前 300 名高校国别分布情况，我国进入世界前列的高校（包括香港、台湾）仅 12 所，远远落后于其他发达国家。世界一流大学的建设紧紧围绕一流学科的建设与发展而进行，一流大学能够培养一流的优秀人才、创造一流的科研成果以及提供一流的社会服务。我国积极致力于世界一流学科建设，《国家中长期科学和技术发展规划纲要（2010—2020 年）》中，明确提出"加快创建世界一流大学和高水平大学的步伐，培养一批拔尖创新人才，形成一批世界一流学科，产生一批国际领先的原创性成果，为提升我国综合国力贡献力量"。这一规划的部署为水土保持与荒漠化防治学科建设拓宽了发展空间，也提出了新的发展要求。

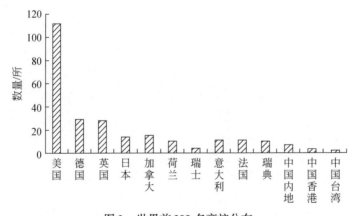

图 3 世界前 300 名高校分布

水土保持学科发展迅速，学科和专业点数量众多，已形成了多专业、多领域的学科体系，从硕士、博士学位到博士后均有涵盖，但因其作为在林学一级学科

下的二级学科，其学科内涵界定限定了人才培养的方向与规格，致使目前人才培养与行业需求间的差距较大。因此，如何更好地完善学科体系，顺应时代发展要求，对于本学科的发展建设至关重要。

2.1　提升学科地位，注重人才培养

目前，水土保持与荒漠化防治学科仍是农学门类下林学一级学科下设的二级学科（图4），然而我国水土保持科技研究领域不断扩大，内容不断深入，特色鲜明，与相关学科具有明显区别。该学科更加注重多学科交叉和创新，更加关注水土保持在生态环境与社会系统中的互动耦合关系，并更多地联系工程建设活动、土地利用变化、水文水资源调控、典型生态系统碳氮循环及水碳耦合过程、森林应对全球气候变化等热点问题，而且覆盖了从学士、硕士、博士学位到博士后的全部学位教育阶段，目前学科体系已不能涵盖水土保持的内涵。现行的学科设置体系影响到学科的定位与发展，以及高层次人才的培养，如专业硕士（林业专业硕士、水利工程专业硕士）培养无法单独进行。以《统筹推进世界一流大学和一流学科建设总体方案》为基础，将水土保持学科从林学一级学科中分离出来设立农学门类为独立一级学科，以稳定的学科发展指引科学研究、人才培养和专业服务协调发展，对促进生态文明建设和水土保持高层人才培养的发展具有重要的战略意义，有助于形成更加完善的具有中国特色的水土保持学科体系，提高人才培养质量和该学科在国内外相关领域的地位。

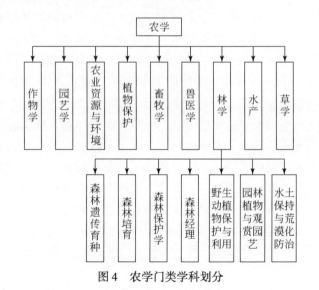

图4　农学门类学科划分

2.2 凝练学科方向，形成学科特色

明确学科建设总体方向与目标，能够指导与推动建设工作。凝练研究方向在考虑自身学科优势的同时，应密切关注对科学技术、经济建设和社会发展具有重大意义和深远影响的重大研究领域，学科研究方向应具有前沿性、先进性和前瞻性，彰显学科发展的主流和趋势，并展示学科发展的动态与前沿[1]。《统筹推进世界一流大学和一流学科建设总体方案》指出，引导和支持高校优化学科结构，凝练学科发展方向，突出学科建设重点，创新学科组织模式，打造更多学科高峰，带动学校发挥优势、办出特色。2010年中国水土保持学会和北京林业大学在北京主持召开了水土保持与荒漠化防治学科发展高级研讨会，深入研讨了水土保持与荒漠化防治学科设置为一级学科的科学性、必要性和可行性，并提出将水土保持学科划分为土壤侵蚀防治、林业生态工程、荒漠化防治、流域治理、山地灾害防治5个学科方向。此后，经过不断研究探索，以相关领域国际前沿科学问题和我国生态环境建设的重大需求为导向，不断凝练新的学科方向，并提出了新的学科方向，即流域治理、林业生态工程、水土保持工程、荒漠化防治。然而学科方向的探索还需要进一步深入，不断探索学科发展前沿，保持水土保持学科的持续发展。

2.3 搭建科研平台，提供一流服务

建设高水平的科研平台将促进学科快速发展，为平台内相关学科的交叉融合开创有利条件，有助于推动高层次学术队伍的建设、科学研究水平的提高和高水平人才的培养[2]。目前，拥有水土保持国家级重点学科的院校有两所（北京林业大学、东北林业大学），学科+相关的国家重点实验室有两个（北京师范大学地表过程与资源生态国家重点实验室、中国科学院水利部水土保持研究所黄土高原土壤侵蚀与旱地农业国家重点实验室）。而美国农业部农业科学研究院仅与水土保持相关的国家重点实验室就有4个，我国水土保持学科现有的科研平台未能满足学科发展的需求，因此，强化水土保持相关科研平台建设，特别是大型科研平台建设，加大资金管理与投入力度，提供丰富的研究资源，完善高质量的资源共享机制，有利于增强人才培养、科学研究和社会服务功能。

2.4 注重学科交叉，营造学术氛围

21世纪以来，为应对全球变暖带来的生态环境与社会问题，急需多学科交叉，探讨生态环境与社会系统中的互动耦合关系。学科交叉又是培养拔尖创新人才过程

中不可缺少的关键环节，新的学术成果通常产生在多学科的交叉点，并且在学术上具有突出贡献的学者大多具有多学科的知识背景，学科建设是一个整体，统筹协调发展，相互支撑，相互影响[2,3]。将水土保持理念运用于生态农业发展、水利工程安全、地质灾害防治、区域环境整治、河流健康维护等领域，促进学科交叉，确定水土保持的综合服务功能。注重学科交叉的同时，又要营造良好的学术氛围，这不仅包括不同学科之间的交叉渗透，学科之间相互影响，还要为师生、科研团队创造一流的学术环境[2]。自由的学术氛围能够给予人更多的空间思考，创造出新理论，吸引更多的优秀人才投入科研、教学工作中。同时，营造良好的学术氛围，加强公共服务体系建设，实现资源共享，能够提升创新能力，增强学科科研竞争力。

3　统筹规划水土保持学科资源，为创建一流学科加强组织保障

学科建设是大学基础教学与科研、人才培养和产业等各项工作的基础和载体。充分利用国内外先进的学科资源与发展理念，进行拓展、改革、优化，坚持特色、发挥优势，从而为创建一流学科做好组织保障。水土保持学科是一个综合性学科，它的研究领域涉及林学、水利学等学科，并随着学科发展逐渐拓宽，其重点是研究水土流失地区水土资源与环境演化规律及各要素之间相互作用过程，建立土壤侵蚀综合防治理论和技术体系，促进人与自然和谐和经济社会可持续发展。新时代高等教育发展对水土保持学科提出了新的任务与要求，继续保持学科特色与优势，积极拓宽研究领域，形成完善、科学、合理的学科体系与发展理念，是创建水土保持一流学科的工作重点[4-8]。

参 考 文 献

[1] 谢桂华. 关于学科建设的若干问题. 高等教育研究, 2002, 23 (5): 46-52
[2] 陆振康. 一流学科建设是创建世界一流大学的重中之重. 江苏高教, 2004, (5): 45-47
[3] 邱均平, 赵蓉英, 马瑞敏, 等. 世界一流大学及学科竞争力评价的意义、理念与实践. 评价与管理, 2007, 5 (1): 33-38
[4] 刘兴华. 论高校学科建设与专业建设之间的关系. 湖南财经高等专科学校学报, 2010, 26 (4): 146-148
[5] 张玉安, 曲宏. 高校学科建设与科研平台建设的思考. 新西部: 中旬·理论, 2014, (12): 92-93
[6] 刘献君. 论高校学科建设中的几个问题. 中国地质大学学报 (社会科学版), 2010, 10 (4): 6-11
[7] 马廷奇. 交叉学科建设与拔尖创新人才培养. 教育研究, 2011, 32 (6): 73-77
[8] 李化树. 论大学学科建设. 教育研究, 2006, 27 (4): 85-88

时代发展对水土保持专业人才的需求

张洪江，程金花

（北京林业大学水土保持学院，北京，100083）

编者按：关君蔚先生是我国水土保持教育事业的奠基者和创始人，主持创办了中国高等林业院校第一个水土保持专业和水土保持系，建立了具有中国特色的水土保持学科体系，为中国水土保持事业的发展作出了突出贡献。时值关君蔚先生诞辰100周年，特作此文，以慰藉先生在天之灵，使水土保持事业发扬光大。

水土保持是生态环境建设中的一个重要组成部分，它包括土地环境、土地质量、人居环境、生产环境、农业环境、农村环境、水环境、生物（林业）环境等多个领域。水土保持工作是一项非常艰辛而又非常有意义的工作。随着社会经济的快速发展，在人们对其生活、生产环境要求不断提高的大背景下，水土保持事业对水土保持专业人才提出了新的需求，主要包括：在人才数量上需逐步增加；在人才质量上需大幅度提高；在专业人才知识结构上更加要求综合。

对水土保持专业人才的总体要求趋向于：基础理论扎实，专业知识面宽广，现代技术掌握娴熟，业务素质过硬，并有一定的人文素质和较强的动手能力。

1　水土保持传统知识特点及其社会适应性的限制

经过近20年的高等教育教学改革，水土保持专业人才培养方法取得了很多丰硕的成果，使得水土保持专业人才在专业基础、知识结构、现代技术的掌握等方面，有了较大程度的提高，毕业生得到了社会广泛认可。但是在新的社会发展情况下，也出现了一些新的问题和局限性。

1.1　水土保持专业人才数量缺乏

水土保持专业人才在数量上远不能满足现行条件下水土保持工作的需求，主要表现在省、市级水土保持机构的专业人才数量基本上能够满足其工作所需，而需要大量专业技术人才的县级及其以下行政机构，基本上没有或很少有水土保持专业技术人员，大部分以农田水利、农业、水文地质等专业的技术人员代替，使得大量的水土保持基础实践工作没有水土保持专业人员参与。

1.2　综合业务素质有待提高

不少水土保持专业人才虽然具备一定的基础理论知识和专业技术技能，但在指导水土保持实践工作过程中却显得软弱无力。在指导水土保持工作时往往仅凭水土保持理论，脱离实践，难以高质量地胜任水土保持工作。

1.3　人文素质严重缺乏或不足

水土保持生产实践与管理工作，不仅要与专业技术人员、政府主管部门进行有效的交流，而且要同当地技术干部、管理人员和群众紧密相连，这就必须要与当地群众打成一片或对当地群众十分了解，没有对他们的传统生活习惯、生产特点等的系统理解，很难进行交流和互动，从而很难高质量地完成水土保持工作。

1.4　理论、技术与实践紧密结合型人才严重缺乏

随着现代社会的发展，公众文化水平的普遍提升，人们的政策水平也大幅度提高，他们也具备了一定的水土保持专业技术知识。水土保持专业技术人才仅靠相关的理论和技术是不能达到较好的工作效果的，这就要求水土保持专业人才不仅要有系统的理论知识，而且还要有精湛的技术水准和较强的动手能力。目前我们所培养的水土保持专业技术人才在此方面的表现不尽如人意，难以胜任相关的工作。

2　新时代对水土保持专业人才的业务素质及综合素质要求

社会在不断发展，水土保持综合治理的理念和技术要求也随之更加系统。水土保持是生态环境建设的主要内容，当今的水土保持工作，除涉及传统的农业、林业、水利建设等生产事业外，还包括铁路与公路建设、矿山开采、港口建设、房地产建设等行业，几乎涵盖了各种生产建设内容。

水土保持事业所涉及的地域范围，也从原来的山区、丘陵区和风沙区，扩展到广大的城市和村镇。其技术要求更高更精细，其水土保持措施达到的效果也要求更高。

同时水土保持工作还涉及国家的政策导向、地方相关规章制度的约束等，以及当地干部和群众的思想工作、政策宣传工作、相关法律法规和教育工作、群众

利益的处理以及矛盾的疏导工作等各个层面，这些工作对水土保持专业人才提出了更高的综合素质要求。

2.1 知识结构需满足新时代水土保持工作要求

新时代的水土保持人才特别需要扎实的理论基础和宽广的专业知识，同时还要具备新技术、新知识的应用能力，如无人机图像处理、数据分析与处理、GIS识图与制图技术等，因此，"水保水保，人人会搞"的传统观念已经过时，加强相关课程设置、提高本科生对相关技能的认识就显得尤为必要。

2.2 需具有较强的综合分析及实践能力

水土保持事业是一个综合性、实践性非常强的事业，它涉及山水林田路（山水林田湖）的综合治理，这就要求水土保持专业人才除具备相关基础理论、专业知识和专业技能外，同时具备较强的实践动手能力，包括水土保持总体规划、各项措施的设计、施工图的制作等。

也就是说，水土保持专业人才的理论和知识不仅要在脑子里，还要落实在实际工作中，这同样也需要课程内容设置、内容取舍、教与学的过程设置等与之对应，同时需调整人才培养模式等。

2.3 需具有较高的综合素质及政策水平

高质量的水土保持专业人才不仅要具备高水平的业务素质，还必须对相关法律法规有相当程度的理解与掌握，将它们与专业知识结合起来，才能做好水土保持工作。

2.4 需具备较好的沟通与解决问题的能力

水土保持工作几乎会涉及各行各业，但是他们都离不开与不同层次的人打交道，仅有系统的专业知识和技术，而不能较好地与不同的人打交道、进行互动和交流，那就只能成为我们常说的"书呆子"了。这种"书呆子"式的水土保持工作者是不能承担和做好水土保持工作的。

水土保持的理论与实践要求水土保持专业人才要具有较好的沟通能力和解决实际问题的能力。因此，在教学计划中，融合学生间的互动、师生间的互动等环节训练就显得尤为重要。

高校青年教师队伍建设的思考——以北京林业大学水土保持学院为例

宋吉红

（北京林业大学水土保持学院，北京，100083）

摘要： 青年教师是高校教师队伍的重要组成，其思想素质、知识水平和综合能力直接决定着人才培养质量。本文以北京林业大学水土保持学院为例，分析当前青年教师的特点及存在问题，从健全机制，形成正确导向；搭建平台，发挥培养合力；关心关爱，营造良好氛围；严格程序，提高选拔质量等方面阐述青年教师队伍建设的具体做法。从健全选拔与培养跟踪体系、建立职业教育服务体系、完善分类考核机制3个方面提出今后青年教师队伍建设的努力方向。

关键词： 高校；青年教师；队伍建设

青年教师是高校发展的生力军，是教学科研工作的重要力量。2014年第30个教师节到来前夕，习近平总书记提出了做"四有教师"的标准，强调全国广大教师要做"有理想信念、有道德情操、有扎实知识、有仁爱之心"的好老师，这对教师职业提出了价值、道德、专业和情感要求。青年教师是高校教师队伍的重要力量，关系着高校发展的未来。建设一支素质优良、治学严谨、勤奋求实的青年教师队伍是高校可持续发展的最根本保障。

伴随着高等教育改革的推进，高校招生规模扩大，许多高校大规模充实教师队伍，使教师队伍面貌发生了历史性变化，尤其是青年教师比例大幅度增加[1]。以北京林业大学水土保持学院为例，"十二五"期间，新进教师体量大幅增长，45岁以下青年教师占全院教师比例的45.2%，青年教师已成为学院教师队伍的重要组成。针对青年教师群体的蓬勃发展，加强队伍建设、提高师资质量是高校事业发展的重要战略规划。

1 高校青年教师的特点及存在问题

1.1 高校青年教师的特点

1) 思想积极、充满活力

青年教师大多是刚走出校门的毕业生，他们对职业的选择大多出于对"教师"职业的热爱。他们思想活跃、上进心强，对未来充满憧憬，对前途充满信心，对事业起点的期望值较高，对事物的看法一般都是积极、正面的。因为刚踏上工作岗位，这个时期他们特别重视工作和自身所处的组织环境，最容易培养起组织认同感，在事业上也有着较大的发展空间。因而，这一阶段会对青年教师今后的职业生涯产生重要的影响[2]。

2) 基础扎实、积极进取

随着社会影响和综合实力的竞争，高校招聘教师的门槛也随之加高。青年教师大多来自于综合实力较强的院校。他们的知识结构合理，具有深厚的专业根基，综合素质高；多才多艺，乐于参加集体活动，积极承担学科、教研室、工会等各类社会工作，有较强的奉献服务意识，成为学院文化建设的主体力量，在很大程度上弥补了高校教师队伍知识老化、思维惯性、缺乏活力等不足。

3) 思维活跃、创新力强

青年教师正处于人生思维最敏捷、创新能力最强的阶段，善于接受新知识，能够主动发现新问题，敢于表达自己的思想与见解。因此，他们刚入职便成为科研创新的主力军，极大地调整了创新型人才队伍结构，开发了教师队伍的整体创新潜能。从年龄上看，他们与学生的年龄相近，有着共同的生活阅历和心理感受，易于沟通与交流，容易得到学生的理解、认可和支持，这为顺利开展教育教学工作打下了坚实的基础。

1.2 高校青年教师存在的问题

1) 心理矛盾与冲突明显

青年教师正处在职业发展的起始阶段和人生观、世界观形成的关键时期，环境的改变与思想的不成熟会使他们产生职业的困惑，导致职业目标的模糊。加之，青年教师对于自身教师职业角色的认同感需要一个转变和稳定的过程[2]，还未完成从学生到教师的角色转变，容易引起双重身份角色的冲突，导致职业心理不够稳定，对未来职业发展存在担心和困扰，容易产生一定的失落感和不安全感；这种心理上的矛盾与冲突在入职初期如果没有经过适当引导，会影响今后正常的工作与生活。

2）教育教学经验不足

青年教师刚入职，对教育教学技术还未达到灵活掌握的程度。尽管他们求知欲强，富有热情，但一旦走上课堂，往往因教学经验不足而出现课堂讲授力差、课堂管理薄弱、教学环节指导不力等现象，易导致教学效果评价度低、影响自信心。教学期中检查统计结果显示，青年教师在教学方面存在的问题主要集中在：备课不充分、课件内容逻辑性差、教案创新性不足、课堂语言吸引力不强、授课方式不灵活等方面；师德师风教育欠缺、教学基本功亟须提升。此外，从教学管理上还存在新进教师导师培养制度执行效果有待提高，老教师对年轻教师的"传、帮、带"作用需要加强等。

3）功利浮躁思想存在

当前部分高校为追求排名、地位，体现实力水平，过多重视科研成果而轻视教育教学；在教师岗位聘任、考核、职称晋升等方面，过分注重经费数目、发表科研论文、获得专利等考核指标，而对教学只作为一个必要的门槛而给予一定的考虑，导致"重科研，轻教学"现象存在，甚至形成以科研论"英雄"的不良风气。在这种环境下，青年教师虽然完成了大量的教学工作量，但并没有被充分重视，导致自身价值的认可度降低，部分教师产生报怨、浮躁心理和功利主义思想，这样不利于扎实研究、潜心治学态度的养成，不利于年轻人的成长与发展。

4）职业认同受阻

教师发展需要经历从"普通人"变为"教育者"的专业发展过程，大致分为3个阶段：形成期1~5年、发展期5~10年、稳定期10~15年[3]。在形成期，因入职时长、团队融合等原因，他们的科研积累、科研思维与习惯大多延续着就读的高校或科研院所，经过2~3年的产出高峰期，便很快进入"低潮期"，造成职业前途的怠倦和自我价值的实现受阻，容易对事物产生偏激和片面的看法，形成一些负面或消极情绪。在发展期，青年教师正处于事业的起步阶段，现有的考核机制和晋升路径影响了青年教师的主动性。同时，他们还要面对来自教学、科研、社会工作等多方面的要求，在职称晋升、岗位聘任、考核等方面有一定压力，再加上经济、住房、爱人和孩子等现实问题，均会降低他们对职业的认同感。

2 青年教师队伍建设的具体做法

认真分析青年教师的特点和存在的问题不难发现，青年教师要达到"四有"好教师的标准还有很长的路要走。刚入职的前几年，他们不仅要尽快适应高校的环境，抓紧时间积累广博的专业知识和较强的教学科研能力，而且应探索、研究、掌握现代教育理念，锤炼良好的心理素质和自我调节能力。因此，如何通过加强青年教师队伍建设，帮助他们顺利度过角色转化期和职业起步期，使其对教师职业产生由衷的热爱，是高校必须要思考的问题。据笔者了解所知，国外非常注重对高校青年教师的培养。通过严格的选拔程序、导师制精心培养、严格考核等一系列措施形成职前、入职、在职的一体化培养体系，这对提高我国青年教师的培养质量有很好的借鉴作用。在具体实践中，高校应做到未雨绸缪、提前规划，借鉴国外做法，结合实际不断探索青年教师的培养机制。

2.1　严格程序，提高选拔质量

加强教师入职前的宣传。通过"走出去"、利用媒体网络等途径宣传学科专业，吸引优秀的国内外人员前来应聘。细化初选考察。在简历的筛选上，注重综合素质、学习背景经历、在校表现、政治面貌等，使条件好、综合素质高的候选者能够进入面试。严格选拔程序。在面试的环节上，综合考虑面试小组的代表性，着重考察应聘者的表达、综合素质、现场表现和学术水平。通过各环节严格监控，达到择优选人的目的，使应聘者感到机会难得，实力至上，这样在今后的工作中会珍惜来之不易的机会。

2.2　关心关爱，营造良好氛围

高校二级学院发挥党支部、教研室、工会等各个组织的协同作用，关心青年教师的成长。一是关心他们的思想。通过谈心谈话，了解他们的需求和想法，进行职业生涯规划辅导，培育他们积极向上的心态。二是帮助他们找到兴趣与学科的结合，发现业务增长点，鼓励他们参与科研活动。三是关心他们的业务发展。鼓励青年教师参与校外的课题研究，加强对外交流。四是关心他们的综合素质。通过工会开展校园文化活动，增强集体的凝聚力，形成和谐的校园人文环境。通过"一册、一会、一座谈"引导其尽快适应环境，"一册"为《水土保持学院教工手册》。将校院相关政策进行告知，并组织集体学习；"一会"为新教工座谈会。学院领导、教研室主任与新进教工进行集体谈心谈话，讲方向、讲方法、明确要求，感受集体的关怀。"一座谈"为邀请老教师谈院史、讲师德，使他们获得尊长的关爱、文化的认同和精神鼓励。

2.3　搭建平台，发挥培养合力

近几年，青年教师的科研经费资助力度加大，北京高等学校"青年英才计划"、北京市优秀人才培养资助在很大程度上解决了青年教师的启动经费问题。以水土保持学院为例，绝大多数的青年教师获得了国家自然科学基金和学校科研及各类教改项目的支持。具体做法是：从学院层面实行导师引路、团队带动、协同发展，使青年教师找到科研的归属。导师从科学研究、教学方法、做人做事等各方面进行言传身教，引航领路，着重培养对学科专业的了解和基础能力的提升；在科研队伍的组建上，将青年教师纳入青年创新计划团队，构建大平台、大项目、大团队的模式，培养集体观念，打造团队意识。此外，不断营造学术氛围，通过青年教师论坛、学术沙龙会、国际国内学术研讨会、各类培训和学术交流会等多种方式，搭建学习锻炼的平台。近年来，我院 36 名 45 岁及以下青年教师中，近 3/4 承担过国家自然科学基金项目，"十二五"期间获批国家自然基金青年基金项目创历史新高；同时支持青年教师出国访学和参加各类国际会议，开阔他们的国际视野。

2.4　健全机制，形成正确导向

建立"辅助、督导、考核"一体化的青年教师培养体系。在中期考核、期满转正、"青年英才培养计划""优秀人才培养资助"项目等各环节进行答辩把关。学院党委实行谈话制、建立成长档案，关心到每一位教师。其次，建立"素质、能力、目标"三位一体的培养模式。通过"Speech Club"演讲口才、青年学术论坛、教师礼仪等各种平台为青年教师搭建平台，提高他们的综合素质。通过教师基本功比赛提高青年教师的教学能力。邀请知名校友、行业名人、政府负责人等不同层面为年轻人讲专业学科、理想职业、政策法规等方面的知识，增长他们的见识。再次，完善考核机制。根据不同的岗位特点，将任务与奖励挂钩，实行分类考核，为人才在服务学院发展与实现自我价值方面有机融合创造条件。总之，通过各种培养机制向着培养一流师资、一流人才的方向努力。

3　加强青年教师队伍建设的努力方向

2015 年，国务院印发了《统筹推进世界一流大学和一流学科建设总体方案》（以下简称"总体方案"），提出了建设"双一流"大学的明确要求。这是我国第一次提出大学、学科要在一定时间内进入世界一流行列的宏伟目标。目标的提出对加快高校改革、冲击国际前沿起到了强大的推动作用，是中国高等教育发展史上又一个里程碑式的战略举措。在世界一流大学和一流学科建设的 5 项重点任务中，第一条就是要建设一流师资队伍，强化高层次人才的支撑和引领作用，加快培养和引进一批一流科学家、学科领军人物和创新团队，培养造就一支优秀教师队伍。青年教师是高校最重要的创新驱动力，高校应在队伍建设的顶层设计、总体规划、统筹实施等方面着重考虑，为高校师资积蓄力量。

3.1 健全青年教师选拔与培养跟踪体系

在选人上，严把入口关。选拔政治思想好、综合素质高、创新意识强的优秀毕业生纳入到教师队伍，为优秀师资打下坚实的基础。在培养上，围绕学术梯队建设，重点培养青年骨干教师成为拔尖人才，包括长江学者、百千万人才、国家杰出青年基金获得者、有突出贡献的青年专家等。在学术科研能力的提升上，尽早纳入科研团队管理，并建立导师制、定期考核制等跟踪体系。同时，建立多层次、全方位的教育培训体系，鼓励支持青年教师参加课程研修、学术研讨、业务培训、会议交流等活动，有计划地选派青年骨干教师到国外学习、进修，以开阔视野，增长见识。

3.2 建立青年教师职业教育服务体系

建立健全符合高等教育发展规律和青年教师成长规律的用人机制。加强青年教师职业理想和职业道德教育，激发内在动力，树立职业目标。完善重师德、重教学、重育人、重贡献的考核评价机制，将师德师风教育贯穿于教师职业的始终，将师德表现作为教师年度考核、岗位聘任（聘用）、职称评审、评优奖励的首要标准；建立健全青年教师师德考核档案，实行师德"一票否决制"。加大青年教师党员队伍建设力度。搭建思想政治工作的平台，提高政治责任感。帮助他们解决实际困难，关注他们的心理健康。发挥党组织、工会等组织的作用，建立青年教师协同培养机制，形成工作合力，促进青年教师素质的全面提升。

3.3 改革人事管理制度，完善分类考核机制

完善教师岗位责任制，实施精细化分类管理；完善激励奖励政策，以岗位职责任务为核心实行目标管理，以岗位标准为核心遴选评价人才，以任务完成情况为核心实施收入分配；以绩效评估为基础，按一定的比例对教师进行测评，对有突出贡献的青年教师实行"低职高聘"，评聘分开，鼓励冒尖，使部分青年教师脱颖而出，将测评成绩不合格的教师调离出原有岗位或解聘。通过制度增强约束，建立退出机制，增强做好教师的责任感与使命感，促进青年教师队伍的整体提高。

参 考 文 献

［1］刘瑞贤．高校青年教师成长道路与特点．中国高教研究，2008，（2）：50-51

［2］王燕，张立．高校青年教师的特点及培养途径探讨．高等教育研究，2011，（2）：73-75

［3］张建平．高校青年教师成长过程探析．南通大学学报（教育科学版），2005，（1）：12-15

高校青年教师队伍建设的思考——以北京林业大学水土保持学院为例 ◎

关于培养水土保持拔尖创新人才的思考

王云琦，王玉杰，程雨萌，杜 若

（北京林业大学水土保持学院，北京，100083）

摘要：我国高等教育正处于改革与发展的关键时期，水土保持与荒漠化防治专业应顺应当前高等教育发展的大趋势，掌握国家生态建设前沿动态，及时转变顺应时代发展的人才培养模式，注重专业设置，提升教学质量，加强师资建设，搭建国家交流平台，促进资源共享，着力培养拔尖创新型、应用型、复合型人才。

关键词：水土保持；人才培养；拔尖创新

当前和今后一个时期，是我国全面建成小康社会的关键时期，是深化改革、加快经济发展方式转变的攻坚时期，是我国经济社会发展的重要战略机遇期，我国正在从人力资源大国向人力资源强国迈进，从高等教育大国向高等教育强国迈进，因此，高校自身的改革发展任务更加艰巨。提高教育质量是高等教育发展的核心[1]，而人才培养则是高等教育工作的最终目标。《国家中长期教育改革和发展规划纲要（2010—2020年)》对我国高等教育与高校建设提出了具体任务，截至2020年，基本实现教育现代化，基本形成学习型社会，进入人力资源强国行列。

水土保持与荒漠化防治专业在当前大趋势下，应顺应经济社会发展、科技进步以及高等教育体系深化改革的前进方向，系统、深入地整合专业资源配置，探索专业设置与人才培养模式，优势互补，加强学科交叉与资源共享，为国家生态文明建设输送先进人才。

1 了解专业前沿动态，关注人才培养发展趋势

1.1 水土保持专业发展

图1为我国水土保持专业发展进程，1952年北京林业大学率先开设水土保持

相关课程，1958年北京林业大学设置水土保持专业，1960年在内蒙古林学院成立了沙漠化治理专业，随后20世纪80年代相关农林院校相继设立了水土保持专业和沙漠治理专业。经过不断探索与发展，1997年水土保持专业与沙漠化治理专业合并成为水土保持与荒漠化防治专业，并于2003年在北京林业大学成立教育部水土保持与荒漠化防治专业教育指导委员会。水土保持高等教育质量的提高促进了专业人才培养规模的扩大，同时培养了大批水土保持领域的高层人才，并投入到我国经济建设中，也带动了全国其他高校与科研单位水土保持高层次人才培养的蓬勃发展。由于我国高等教育对该学科的重视增强，水土保持学科地位得以不断巩固，据统计（图2），设有水土保持专业的本科院校从20世纪50年代北京林业大学一所高校发展至包括西北农林科技大学、内蒙古农业大学、南京林业大学、东北林业大学等在内的21所高校。

图1　我国水土保持专业发展进程

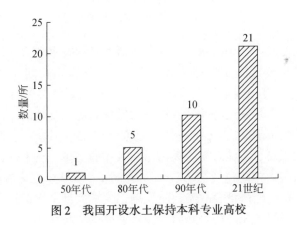

图2　我国开设水土保持本科专业高校

1.2　水土保持专业人才发展

21世纪以来，为应对全球气候变暖、森林锐减、土地荒漠化、大气污染以及水污染等带来的生态环境与社会问题，急需多学科交叉，探讨生态环境与社会系统中的互动耦合关系。此外，我国社会的发展和时代的进步，国家的生态安全保障与城市的扩张，这些都给水土保持事业提出了更高的要求，为水土保持行业发展提出了新的挑战。我国是世界上受水土流失和荒漠化危害最严重的国家之一，据 2012 年全国水土流失调查统计（图 3），水土流失面积为 295 万 km²，占国土面积的 30.7%，其中，受水力侵蚀的水土流失面积为 129 万 km²，受风力侵蚀的水土流失面积为 166 万 km²。虽然第四次水土流失调查结果比第三次减少了 17.4%，但我国水土流失形势依然严峻。十八大报告中提出了构建国土安全生态格局，大力推进生态文明建设，并将生态文明建设列入"十三五"规划重点任务之一。为保障我国国家生态安全，需要水土保持与荒漠化防治人才贡献力量。

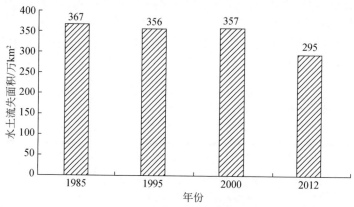

图 3　全国四次水土流失调查情况

　　学科的建立与发展，一向服务于行业发展对科学技术和人才培养的需求，而人才是我国经济建设与社会发展的第一资源。《国家中长期人才发展规划纲要（2010—2020 年）》提出要加强人才队伍建设，其主要任务是突出培养、造就创新型科技人才，大力开发经济社会发展重点领域急需、紧缺的专门人才，以及统筹推进各类人才队伍建设。"五位一体"的总体布局、国家宏观发展战略以及区域重大工程建设布局与实施都需要大量专业人才的支撑，水土保持事业的快速发展带动了对高层次人才的迫切需求；"一带一路"战略、国家新型城镇化规划、京津冀一体化、长江经济带等战略逐步实施，要求大量水土保持人才加入；国家各级水行政主管部门、相关科研部门、企事业单位和教育部门需要水土保持与荒漠化防治人才，就业领域不断拓宽；2011 年新《水土保持法》出台和国务院印发《关于全国水土保持规划（2015—2030 年）的批复》，极大地促进了行业人才需求增长。以北京林业大学水土保持专业学生就业情况为例，水土保持与荒漠化防治专业毕业生呈现就业取向多元化的特点，专业人才服务于国土资源、水利、农业、林业、电力、矿业、石油、航空、环境保护等行业部门和相关的企事业单位，2010～2014 年就业率接近 100% 或达到 100%，签约率稳定在 50% 左右（图 4）。本科生上研率为 53% 左右，4% 学生选择出国，直接就业者占 43%；80% 以上的研究生进入国企、事业、国家机关工作；20%选择进入私企或者基层就业服务项目。

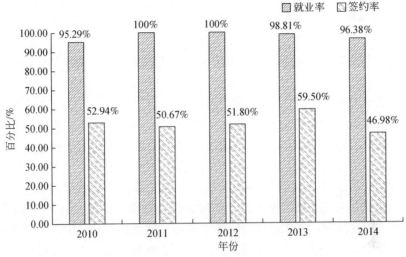

图4 近年北京林业大学水土保持专业学生就业情况

2 突出人才培养核心地位，塑造拔尖创新人才

创新是高层次人才培养水平的集中体现。国外一流创新人才培养模式共同点不仅要继承传统的育人理念，更要注重突出学生的主体性，注重培养学生综合能力与个人素质的全面发展[1,2]。美国的高等教育将个性化培养放在首位[3]，形成了"以学生为中心，课内外相结合、科学与人文相结合、教学与研究实践相结合"的创新人才培养模式；英国的人才培养模式不同于传统的填鸭式教学模式，它更注重能力型、自主学习型的开放式人才培养模式[4]；日本高等教育注重"产学结合"，建立高校、市场、生产时间一体化培养模式，强调理论与实践结合育人[5,6]。

培养拔尖创新人才，突出人才培养的核心地位，着力培养具有历史使命感和社会责任心，富有创新精神和实践能力的各类创新型、应用型、复合型优秀人才，是我国《统筹推进世界一流大学和一流学科建设总体方案》重要建设任务之一。从1956年第一届到2015年共有46届毕业生奔赴在全国的水利、林业、国土资源、建筑、环境保护等多个行业，并成为行业骨干。

2.1 规范专业设置，优化培养模式

专业设置反映了社会发展对人才的整体需求[7]。水土保持本科专业院校从

20 世纪 50 年代的 1 所已经发展到 21 世纪初的 21 所，形成了以北京林业大学、西北农林科技大学等多所重点院校具有各自特色的专业建设体系。2013 年由"教育部高等学校自然保护与环境生态类专业教学指导委员会"制定《高等学校水土保持与荒漠化防治本科专业教学质量国家标准》，进一步规范水土保持与荒漠化防治专业设置与管理。目前，水土保持与荒漠化防治专业招生规模逐年扩大（图 5），从 50 年代每年培养 20 余专业人才发展至每年培养 1500 人左右，其中，培养本科约 1000 人，硕士生约 360 人，博士生约 80 人。在招生规模稳定的同时，应注重加强创新创业教育，大力推进个性化培养，全面提升学生的综合素质、国际视野、科学精神，以及创业意识、创造能力。以推行多样化人才培养模式为目标，通过与生产建设部门进行联合培养，选拔优秀人才进行个性化培养（如梁希班），以及运用全球校际合作培养等方式来探索复合型、应用型、拔尖创新型三种不同的人才培养模式；以协同育人为纽带，实现"政产学研用"，联合制定人才培养标准，共同建设实践教学基地、课程体系和教学内容、实施培养过程以及评价培养质量。不断完善水土保持人才创新驱动，进一步优化人才培养规模与模式，提升人才培养质量。

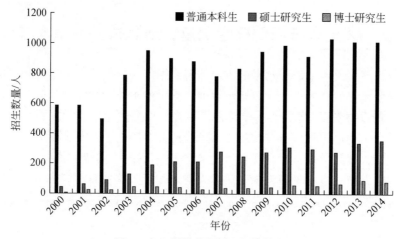

图 5　水土保持专业招生规模情况

2.2　深化教学改革，提升教学质量

随着我国教育教学质量的不断提升，水土保持与荒漠化防治专业教学建设也不断进步，目前为止已编写和修订本科教材及研究生教学参考书百余部，拥有国家精品课程 3 门（土壤侵蚀原理、治沙原理与技术、水土保持学），国家级视频公开课 1 门（土壤侵蚀原理）。虽然经过不断探索与研究，在教学建设中已取得

一定成果，但与世界一流标准还有很大的差距。因此，深化教学改革以提升教学质量十分重要。结合水土保持专业教学现状，提出以下方案：推进通识教育，促进通专融合；创新教育教学方法，一方面倡导启发式、探究式、讨论式、参与式教学，采取灵活多样的考试考核方式，另一方面鼓励研究性教学，强化实践教学环节；打造精品课程、教材，加快慕课（MOOC）等课程信息化共享平台建设，实现资源共享；加强教学质量的监控、评价和反馈体系建设。

2.3　加强队伍建设，培育一流师资

进行深化教学改革，提高人才培养质量，关键之一在于拥有一支优秀的教学团队[8]。然而，我国高校师资队伍的整体质量还不能适应高等教育发展，教师数量的不足和教师数量增长率小于高等教育规模的增长率，这在一定程度上增加了教师的负担[9]。我国现有水土保持高等教育专任教师近 400 人，其中，院士 3 名，教授 100 人，副教授 140 人，国家级优秀教学团队 1 支。师生比为 1∶17，比例明显低于《高等学校水土保持与荒漠化防治“本科专业教学质量国家标准”》1∶12 的配比要求，师资数量不能满足高等教育发展与行业发展的需求。

加强师资队伍建设，首先要依据《国家中长期教育改革和发展规划纲要》部署，为满足当前学生培养规模扩大的需求增加教师数量，合理调整师生比。在扩大师资数量的同时，注重师资质量的提升，引进具有丰富实践经验的兼职人员参与实践教学，引进国内外高水平大学人才加入教师队伍，有目标地培养高水平教学团队和国家级教学名师。进一步强化高层次人才的支撑和引领作用，加快培养和引进一批一流科学家、学科领军人物和创新团队，培养造就一支优秀的教师队伍。

2.4　拓宽国际视野，促进合作交流

通过聘请海外客座教授、委派访问学者、开设国际课程、组织国际技术培训班、主办国际学术研讨会、申报承担国际项目合作等多种方式，开展国际学术交流与合作，开拓师生的国际视野，提供国内外先进的教学资源。同时，进一步巩固与美国、加拿大、英国、以色列、德国、日本等国家以及中国港澳台地区的高等院校、科研所和国际组织的友好关系，积极开展实质性人才培养合作，推动我院教师参与国际前沿科学研究和高层次人才培养。

加强学生交流平台建设，鼓励学生积极参与国际知名大学及港澳台大学联合培养项目、公派交换生项目及国际科技合作项目，提高国际化人才培养水平，构建优质的联合培养模式。确立全球化课程理念，进一步扩大引进或聘任海外专家

工作力度，邀请各学科领域国际知名专家学者进行授课和合作研究，运用现代多媒体技术手段，加快双语课程和教材建设步伐，创建国际化和信息化交流平台服务基础教学与人才培养。

2.5 完善平台建设，提升实践教学

水土保持与荒漠化防治专业紧密结合国内外生态环境背景及国内的重大生态环境建设工程项目开展教学实践，使教学体系建设与人才培养质量保持领先地位。明确课堂教学与实践教学比重，合理规划课程实习，注重实践环节培养，完善实验教学中心、综合性的教学实践基地建设，将专业知识应用于实践环节中。此外，进一步加强鼓励和扶持与水土保持专业相关的民办教育融入国家人才发展战略体系，促进校企深度合作，推动教育和产业界共同培育人才，引导、鼓励企业加大教育培训，融入国家人才发展战略。

3 注重专业建设与学科建设协调发展

专业建设和学科建设是高校内涵式发展的永恒主题。学科是专业发展的基础条件，专业是学科承担人才培养的实践基地，两者是一种交叉关系，相互依存，相互发展。高等学校主要通过学科建设和专业建设来实现科学研究、人才培养和社会服务的功能[10]。强调学科与专业不同方向深化改革的同时，又要注重两者协调发展，水土保持与荒漠化防治这一领域亦是如此[11]。推进学科与专业一体化建设，合理配置教育教学资源，完善学科与专业协同发展机制，形成具有水土保持与荒漠化防治学科特色的发展理念。

4 结 语

在长期发展过程中，我国水土保持学科建设、人才培养、科技生产等方面都得到了国内外学术界的认可。当今严峻的生态环境问题，迫切需要水土保持与荒漠化防治专业人才和科技支撑。除要解决各种类型区水蚀、风蚀、荒漠化、石漠化等传统危害人类生态安全的环境问题外，水土保持专业高层次人才也要致力于国家建设，如城市与开放建设项目、重大生态环境建设工程建设、城镇一体化与国家新农村建设等。培养水土保持拔尖创新高层次人才，需要国家与社会以及高等教育与高校共同努力，投入更多的资源，给予更多的发展机遇。

参 考 文 献

[1] 钟秉林. 人才培养模式改革是高等学校内涵建设的核心. 高等教育研究, 2013, (11):

71-76

[2] 董泽芳，王晓辉. 国外一流大学人才培养模式的共同特点及启示. 国家教育行政学院学报，2014，(4)：83-89

[3] 张典兵. 国外高校创新人才培养模式的经验与启示. 高等农业教育，2015，(3)：125-127

[4] 裴文英. 国外大学创新型人才培养模式对我们的启示. 湖北经济学院学报（人文社会科学版），2011，8 (12)：79-81

[5] 贺佃奎. 当代英国高校的人才培养模式. 高教研究：西南科技大学，2008，24 (4)：5-7

[6] 马安伟，杨国权，于彩虹，等. 日本研究生创新型人才培养模式探索. 中国冶金教育，2006，(5)：72-75

[7] 乔仁洁，于金翠. 当前我国高校专业设置的问题与建议. 教育教学论坛，2015，(1)：190-191

[8] 马知恩. 深化教学改革加强师资队伍建设培养高素质创新型人才. 中国大学教学，2011，3 (14)：136

[9] 谢永强. 加强高校师资队伍建设的新举措. 中国科教创新导刊，2010，(4)：232-233

[10] 刘海燕，曾晓虹. 学科与专业、学科建设与专业建设关系辨析. 高等教育研究学报，2007，12：29-31

[11] 张炳生，王树立. 学科、专业一体化建设研究. 中国高教研究，2013，(12)：43-45

水土保持与荒漠化防治专业优质精品课程建设思考①

程金花，张洪江

（北京林业大学水土保持学院，北京，100083）

摘要：优质精品课程是专业发展的基础，"土壤侵蚀原理"国家级精品课程的建设是水土保持与荒漠化防治专业发展的基础，本文基于"土壤侵蚀原理"精品课程的建设实践，探讨了精品课程建设中不同环节需注意的事项，提出了应该教育资源多样化，重视学生反馈评价，提升教学效果，以使精品课程持续健康发展，从而带动专业发展。

关键词：精品课程；专业发展；土壤侵蚀原理

北京林业大学水土保持与荒漠化防治专业建立于 20 世纪 50 年代，是一个公益性强、特色鲜明的专业，行业发展前景好，学生就业率高，于 2007 年被评为国家级"第二类特色专业建设点"。作为全国水土保持与荒漠化防治专业的起源地，北京林业大学一直引领着该专业的课程建设与改革，土壤侵蚀原理是较早进行建设和改革的课程之一，在教师队伍、教材体系建设、教学内容和教学方法的改革等多方面都取得了较大成果。于 2003 年被评为"北京市精品课程"，2007 年被评为"国家级精品课程"。作为第一批国家级精品资源共享课建设课程，"土壤侵蚀原理"课程于 2013 年 9 月上线共享，同年，"土壤侵蚀原理"被建设成为"国家级精品视频公开课"。土壤侵蚀原理精品课程的建设，对于水土保持与荒漠化防治专业优质精品课程的建设起到了较好的借鉴和推进作用。

1 精品课程建设现状及存在问题

精品课程建设是教育部提出的一项重要的教学改革措施。2003 年，教育部启动了国家级精品课程项目，共建设国家级精品课程 3909 门[1]。随着信息技术的飞速发展，在线教育迅速崛起，世界范围内的高等教育开展了一场开放教育的变革。2012 年 5 月，国家教育部对已有国家精品课程进行升级改造，建设 5000

---

① 资助项目：北京林业大学 2012 年课程建设项目"土壤侵蚀原理双语"。

门精品资源共享课，与视频公开课共同构成国家精品开放课程[2,3]。

截至 2014 年 9 月，我国的精品资源共享课建设初具规模，已建设课程超过 3000 门，上线 2600 多门。但在课程资源建设与应用方面仍存在一定的问题，如在线学习人数不多，互动不够等问题。

截至 2014 年 9 月，学习人数为 0~20 人的课程占上线课程数目的 52.17%，学习人数在 100 人以上的课程仅占 10.87%。可见，尽管我国在网络开放教育方面进行了不懈的努力与尝试，但效果差强人意。相比国外几万人，甚至几十万人同时学习一门课程来说，国内就课程学习人数这一方面相差甚大[4]。

2 "土壤侵蚀原理" 精品课程的建设实践

2.1 创新教学理念，明确教学目标

课程教学目标需与相应专业的人才培养目标和社会需求相结合才能够具有特色。不同学科具有不同特点和知识体系，不同类型人才的能力构成和教学方法也不尽相同[5]。水土保持与荒漠化防治专业的人才培养目标是培养拔尖创新型卓越农林人才，即培养出具有较完备专业技能和较强动手能力的本科研究型人才。

随着培养目标的变化，教育教学理念也在不断更新，且贯穿于土壤侵蚀原理精品课程建设的整个过程，主要体现在由 "以教师为主体" 转变为 "以学生为中心"，激发学生的学习兴趣和潜能；在课堂和实验实习中给予学生充分的发挥空间，调动学生学习的积极性、主动性和创造性，培养其动手能力和合作研究精神。

同时，基于对专业人才培养目标和社会需求的分析，"土壤侵蚀原理" 课程将教学目标确定为 "3 个基本"，即基本知识、基本理论、基本技能。基本知识包括土壤侵蚀、土壤侵蚀类型、土壤侵蚀形式及其有关的基本概念；基本理论包括不同类型土壤侵蚀发生发展的基本规律；基本技能则包括土壤侵蚀调查、监测、预报和土壤侵蚀研究的基本方法。

2.2 重视教学改革，优化教学设计

摒弃 "以教师为主体" 的教学方式，采用 "以学生为主体，教师为主导" 的教学模式。将现代多媒体与传统教学手段相结合，课堂教学中综合运用自学、讲授、讲座、讨论、探究等教学方法，提倡交互式教学方法。

提高学生的创新能力。在室内试验环节中，鼓励学生在教师指导下自立题目

进行分析和讨论。由学生分组查找资料,设计并进行试验,给予学生充分的讨论和发言时间,使学生在讨论和分析中掌握知识要点,并具备自主地发现问题、分析问题和解决问题的能力。

在实践教学方面,提倡理论指导实践。"土壤侵蚀原理"课程原有的野外实习主要是进行水土流失调查,对于课堂上学习的理论缺乏实际应用,因此,增加了"野外人工降雨"等方面的实习内容,同时增加学生对实习方案的参与度,鼓励学生自主设计部分实习方案,培养学生能够创造性解决实际问题的能力。

2.3 更新教学内容,注重动手实践

《中华人民共和国水土保持法》(2010年修订版)对水土保持工作提出了更高的标准,对"土壤侵蚀原理"课程的教学内容也提出了更大的挑战。

课程内容的改革需适应时代发展,与时俱进。由于水土保持与荒漠化防治专业本科生同时学习"风沙物理学"课程,因此,在本课程中适当减少"风力侵蚀"内容,增加现在社会较为关注的能够影响生态安全的"混合侵蚀"内容。

课程内容的更新还表现在课堂知识与当今社会问题的结合,如舟曲泥石流事件、北京7.21洪水事件等,以此为契机,课程增加了山洪灾害监测预警方面的内容。

为培养学生的动手实践能力,土壤侵蚀原理课程对实验实习进行实时更新,将水土保持与荒漠化防治实验室的基础实验设施向学生开放,并利用网络进行实验室教学管理。为调动学生的思维主动性和创新性,土壤侵蚀野外实习采用教师提供基本实习方案、学生根据自己所在组的任务细化实习方案的方式。实习任务包括基本任务和附加任务,基本任务为学生必须完成的任务,由教师规定基本内容;附加任务则是学生除完成基本任务外,自主选择一项内容,实施方案以学生自主设计为主,教师指导为辅。

基于以上形式的实习实践教学完成后,学生可独立完成水土流失调查、水土流失监测等内容,效果良好。

2.4 强化团队建设,促进新老传承

目前,"土壤侵蚀原理"精品课程师资队伍成员的职称和学历结构已顺利实现了新老传承,由最初的教授2人、副教授4人、讲师1人,变更为教授4人,副教授3人,讲师1人。整个队伍年龄结构以老中青成梯队排列,其中,50~60岁2人,40~50岁1人,30~40岁5人,合理的年龄结构保证了土壤侵蚀原理课程建设的顺利进行。

课程组全部教师均主持或参与国家级、省部级等多层次科学研究项目，能够站在专业和学科发展前沿。同时，依托国家和北京市"特色专业"建设，土壤侵蚀原理课程教学团队得到了进一步加强。

2.5　加强教材建设，实现资源共享

教材建设是课程建设的基础[8]，作为"土壤侵蚀原理"课程的核心教材，《土壤侵蚀原理》先后被列为"面向21世纪教材"、国家"十五""十一五""十二五"规划教材。随着水土保持视野的不断扩大和新版水土保持法的颁布，目前，《土壤侵蚀原理》（第3版）已由科学出版社出版，在延续第2版先进性、实践性和应用性的基础上，第3版教材对相关知识点，如"我国土壤侵蚀普查数据"等都进行了更新。另外，为进行立体化教材建设，在第3版教材中增加了各章节的授课视频二维码，在全校教材建设中开创了先例，也走在了全国教材立体化建设的前列。

3　优质精品课程建设的思考和建议

3.1　精品课程网络教育资源多样化

精品课程建设的目的之一是让优质资源能真正发挥作用，因此，要避免课程成为静态资料的集合，活化、多样化网络教育资源。精品课程建设过程中可同步推进精品资源共享课和视频公开课[6]。建设过程中还需活化教师梯队（不断补充年轻教师等）、活化师生交流和活化资源信息等[7]。

3.2　注重反馈，提升教学效果

精品课程最终的服务目标是学习者，因此，应该以学习者为中心建设课程资源，加强对教学交互活动的设计，提高互动平台的利用率；建立多元化、多主体的学习评价体系[8]；重视学生的反馈评价，落实课程的应用性评价[9]。

提升教学效果是精品课程建设的终极目标，教学内容改革、教学设计优化、教学团队建设和教材资源共享[10]，目标均是为了提升教学效果，精品课程从内容到教学方式都要具有一定的示范性[11]，成为同行学习、借鉴的对象。

参 考 文 献

[1] 范桂梅，李玉顺，武林. 开放教育资源发展及其对我国数字化资源建设发展走向的思考.

科技管理研究，2010，（20）：203-207

[2] 焦建利，贾义敏．国际开放教育资源典型案例：一个研究计划．现代教育技术，2011，
（1）：9-13

[3] 王龙，周效凰．中国精品课程建设的实践模式研究．现代远程教育研究，2010，4：30-37

[4] 吴宁，冯博琴．对国家精品课程转型升级与资源共享建设的认识与实践．中国大学教学，
2012，11：6-9

[5] 彭道黎，张戎，王珏，等．林学专业教学团队的建设与体会．中国林业教育，2009，27
（1）：27-30

[6] 俞树煌，朱欢乐．从开放课件到视频公开课：开放教育资源的发展及研究综述．电化教
育研究，2013，05：55-61+72

[7] 王颖，张金慕，张宝辉．大规模网络开放课程（MOOC）典型项目特征分析及启示．远程
教育杂志，2013，04：67-75

[8] 国家精品课程资源网．http：//www.jingpinke.com.

[9] 傅宇凡．上海：中国在线教育"探路者"．中国教育网络，2013，04：26-28

[10] 何峻，李璐．建设精品视频公开课程的体会与建议．大学教育，2014，9：138-139

[11] 田超．网络开放课程资源建设比较研究——以中国精品资源共享课和美国 Coursera 为
例．武汉：华中师范大学硕士学位论文，2014

新常态下大学生对主流意识形态认同的困境解析与引领——以北京市"先锋杯"优秀团支部北京林业大学水保学院水保14-1班为例

张　骅，宋吉红，关立新，李晓凤，谢舒笛，仇乐川，呼　诺

（北京林业大学水土保持学院，北京，100083）

摘要： 当下我国正处于改革和发展的攻坚期，是经济从高速到中高速的增长速度换挡期、结构调整阵痛期、前期刺激政策消化期"三期叠加"阶段，这一阶段社会呈现出利益主体多元化、社会信仰多元化等态势，这给我国大学主流意识形态认同带来了严峻的挑战。大学生群体作为祖国未来的建设者和接班人，其主流意识形态与我国社会的稳定与意识形态安全息息相关。本文深入探讨新常态下大学生主流意识形态存在的系列问题，剖析了北京市"先锋杯"优秀团支部北京林业大学水保学院水保14-1班（以下简称"水保14-1班"）以主流意识形态认同为导引开展的系列班级工作，探寻出强化主流意识形态，打造优秀班集体的有效举措。

关键词： 大学生；主流意识形态；班级建设

党的十八大以来，以习近平同志为总书记的新一届中央领导集体高度重视意识形态的工作。大学生群体作为我国社会主义的接班人和将来社会的主要建设者，是否认同我国主流意识，直接关乎国家之繁荣、民族之昌盛。《关于进一步加强和改进新形势下高校宣传思想工作的意见》明确指出：高校是意识形态工作的前沿阵地，肩负着学习研究宣传马克思主义、培养社会主义事业建设者和接班人的重大任务。基于此，深入分析大学生对主流意识形态认同的困境并通过有效措施引领大学生主动认同我国主流意识形态，具有重大而深远的意义。

1 强化当代大学生对我国主流意识形态认同的重要意义

当今时代，资本主义和社会主义的竞争已经不仅仅局限于经济竞争和军事竞争，意识形态的竞争已经上升到了一个新的高度。尤其是资本主义国家从新中国成立以来从未间断对我国的主流意识形态进行渗透，企图同化我国社会主流意识

达到"和平演变"之目的。当前，我国正处于改革和发展的攻坚期，是经济从高速到中高速的增长速度换挡期、结构调整阵痛期、前期刺激政策消化期"三期叠加"阶段，这就不可避免地出现一系列社会问题和矛盾，部分资本主义国家利用我国当前阶段出现的社会问题不断诋毁我国的主流意识形态，并企图借此契机将西方主流意识形态强加于我国民众，这种形式极大地威胁到我国的主流意识形态安全。我国作为人民民主专政的社会主义国家，其主流意识形态是以马克思主义为指导的对国家建设发展和各项制度进行自我规范、自我约束、自我辩护、自我提升的观念体系，具有与时俱进、自我发展的品质，对统领思想和行为的一致性、凝聚国家认同感起到了至关重要的作用，它是国家发展方向的纲领，具有强大的生命力。

"少年智则国智，少年富则国富，少年强则国强，少年独立则国独立，少年自由则国自由，少年进步则国进步。"大学生作为我国现代化建设的接班人和实现"中国梦"的中坚力量，其主流意识形态认同观是否正确，直接影响着中国特色社会主义事业和实现中华民族伟大复兴的中国梦。

当今的大学生基本都是 90 后，他们独立性强，思想活跃，对于新鲜事物的接受能力很强，思维活跃是这一群体最鲜明的特征，但是由于出身环境的多样性和处于"三观"形成的关键时期，非常容易受到西方主流意识形态中拜金主义、个人主义、自由主义等不良影响，如果最具有活力的群体对我国主流意识形态不认同，那么必将导致我国主流意识形态解体，影响国家安全。马克思曾经说过："如果从观念上来考察，那么一定的意识形式的解体足以使整个时代覆灭"。

高校是意识形态工作的前沿阵地，其中，增强大学生主流意识形态认同是坚持和巩固马克思主义在高校主流意识形态中指导地位的重要基础，是大学生坚定马克思主义信仰、形成正确的世界观和价值观的基石，是增强大学生中国特色社会主义道路自信、理论自信、制度自信的重要推动力。我国约有 2200 万大学生，作为青年中优秀的群体，只有通过多种途径和措施不断引领强化当代大学生对我国主流意识形态的认同才能保证我党的执政地位，提升公民的整体素质，促进社会的和谐稳定，确保中国特色社会主义事业兴旺发达。大学生也只有不断通过对我国主流意识形态的认同，不断坚定社会主义信念才能充分激发创新活力，更好地融入社会并被社会认可，健康成才。

2 新常态下大学生主流意识形态存在的问题

改革开放以来，伴随着经济全球化和中国经济体制改革的逐步深入，人们基本的物质需求得到满足，思想观念日益趋向多元化，大学生作为年轻代表是思想观念最活跃的一个群体，其主流意识形态认同的趋势是积极向上的，但是由于其世界观、人生观和价值观尚未定型，很有可能受到一些腐败、落后、消极的意识形态的影响，形成对主流意识形态认识的困境，并主要表现在以下3个方面。

1）部分大学生对我国主流意识形态消极认同

当前，大学生群体对于我国主流意识的认识总体上还是积极向上的，在国家利益、民族尊严、领土完整上表现出较高的责任感和主人翁意识。但是在对当前社会主义制度是否认同、对社会主义制度的态度等问题的认知上却暴露出很多问题，于海军等在辽宁做过调研，对于"你对当前社会主义制度是否认同"的问题中，2000名受访大学生只有58.1%的同学表示"认同而且满意"，其余的答案都指向"认同但不满意""无所谓"等态度；对于"对社会主义制度的态度"问题，有高达17.8%的同学认为"西方资本主义制度好"；在"你是否信仰马克思主义"的问题上，有65.4%的同学表示"不信仰"或者"没体会信不信仰"，有23.2%的同学表示"有点信仰"，只有11.4%的同学表示"信仰"。虽然这不是全国性的调查，但是也反映出当代大学生对于我国主流意识形态认同上出现了问题。北京林业大学水土保持学院本科水保14-1班由来自全国19个省市的23位95后同学组建而成，入学伊始该班填写入党申请书的同学仅有12人，通过调研发现，未填写入党申请书的同学普遍对中国共产党的先进性、社会主义主流意识缺乏认同感，填写入党申请书同学的入党动机也存在入党后好找工作、入党是考公务员必需因素等问题。深入分析发现造成这一因素的主要原因是由于高中教育更多地强调应试教育，以高分论英雄，忽略了理想信念教育，使部分大学生对我国主流意识形态不了解或者了解片面从而造成对我国主流意识形态的不认同。

2）部分大学生理想信念模糊

随着经济全球化的日益深入，多元化、多样化社会思潮和价值观，尤其是西方资本主义借助强大的媒体对其生活方式、价值观念进行全方位宣传，直接造成我国部分大学生理想信念模糊。通过调研发现部分学生学习的唯一目的就是为了就业和出国留学，就业和出国留学的唯一目的就是为了多挣钱，多拥有社会资源，享受骄奢淫逸的生活。并且部分大学生在追求个人理想时忽略，甚至排斥社会理想，将自由等同于绝对自由，也就是无任何限制的自由，认为"随心所欲"最重要，认为理想是个人的事情，与社会无关。一味追求成功和满足个人欲望的理念明显强化，在参加各类社会活动前首先考虑的是能否对自己的专业能力、人文素养有帮助，自己的投入与回报是否成正比，较强的目的性导致他们对自己目标以外的其他事情不闻不问。他们一味地追求显性的、即时的效益，并不考虑对自己长远的影响，缺乏精神自律。在行动中，部分大学生往往处于"以物的依赖性为基础的人的独立性"阶段，他们的精神生活并没有因为物质生活的满足而自动地获得相应的补充，这种情况若不予以引导极易造成大学生群体理想信念缺失，心理扭曲，影响其健康成长。

3）部分大学生社会责任感不强

马克思、恩格斯在谈到人的一般责任时曾指出："作为确定的人，现实的人，你就有规定，你就有使命，就有任务，至于你是否认识到这一点，那都是无所谓的。"人的本质是一切社会关系的总和。扮演一定的角色，承担一定的责任。当代大学生主体意识越来越强，懂得运用各种手段保护自身利益，并通过努力创造财富实现自身的物质价值。但是部分大学生片面追求个人主义、拜金主义等错误思想，缺乏社会责任感，忽视了个人发展只有通过国家的整体意识才能体现，个人价值只有符合社会价值才有意义。对于一些国家重大事件和国家意识形态的建设认为与个人毫无关系，对于政治上的一些炒作和查处的贪污腐败等偶发事件以娱乐的心态表现出极高的关注度。如果大学生群体不强化社会责任感，那么一定会造成影响我国发展的社会问题。一些大学生入学后，发现所选专业并不是自己感兴趣的专业，于是就自暴自弃，放弃了在学业上的追求，忘记了现阶段社会赋予其的社会责任和努力学习用知识回报国家的历史使命，造成国家资源在分配上的浪费。另外，"啃老族"现象也是大学生群体社会责任感不强的直接表现，一部分大学生在完成学业后眼高手低，对社会赋予其的责任不管不顾，对工作挑三拣四，甚至不工作，生活完全依靠父母，这样下去这部分人将越来越缺乏担当社会责任的勇气和信心，最终成为拖累社会发展的包袱。

3 通过强化主流意识形态将个人发展、集体发展与社会核心价值紧密契合打造高校优秀班集体

大学生对主流意识形态进行认同，意味着主流意识形态需要真正发挥对大学生精神的引导和建构功能。在我国高校，班级是大学生生活和学习的基本场所，也是学校管理工作的基本单位和重要载体，更是高校社会主义核心价值观念建设的前沿阵地。马克思曾说："只有完善的集体，才有完善的人。"班级对于学生个人发展和人生观念的影响毋庸置疑。一个好的班集体带来的不仅仅有优良的学习氛围，更有益于形成健康的价值观念导向和个人发展方向。北京林业大学水保学院水保14-1班，正是通过多措并举，不断强化大学生主流意识形态，将班级成员理想信念、班级价值目标和社会主流意识形态相契合，从而打造出北京市"先锋杯"优秀团支部、北京林业大学"十佳班集体"。

1）渗透主流意识形态，打造高雅班级文化

人的生活氛围对于人的发展至关重要，自古就有"孟母三迁"的历史典故。大学生从入校伊始，大部分活动都与班级生活密不可分，不同的班级文化就能孕育出不同的大学生群体。大学生班级文化应该引导大学生选择具有道德感、时代感、使命感、责任感的高雅内容，应该在班级文化建设中潜移默化地融入我国的

主流意识形态,从而不断提升大学生的精神品味和集体归属感。

水保14-1班以理想信念教育为核心,坚定马克思主义信仰,在班级文化建设中不断融入社会主义核心价值体系,全面提升大学生的人文素养,培育正确的世界观。大学一年级是班级文化形成的最重要时期,水保14-1班以"践行社会主义核心价值观、提升社会责任感"为主题,建设班级文化。要求班级成员知晓、理解、熟记社会主义核心价值观内容,在平时的班级文化建设中开展"什么是中国特色的社会主义""中国共产党具有哪些先进性"等主题研讨,通过不断学习使每一位班级成员自发性地了解我国社会的主流意识形态。经过半年的学习,班级每一位成员对于我国国家性质、主流社会意识形态,对于中国共产党执政理念、先进性有了较为深入的认识和了解。在大学一年级上学期末,除了有宗教信仰的班级成员,其余人均递交了入党申请书。

2)构建和谐幸福的班级氛围,营造集体归属感

大学班级是大学生步入社会的第一站,对于每一位成员至关重要。对于离开中学教育步入大学的大部分90后大学生来说,很多人是第一次远离家乡父母,甚至是第一次独立生活。因此,构建一个和谐幸福的班集体可以有效提升大学生对于社会的认同感和归属感,有利于社会主流意识形态的认同。

水保14-1班,在构建班级氛围时始终围绕集体归属感开展工作,入学仪式的第一次班会,班级在班主任的引导下树立起班级大家庭的观念,摒弃以宿舍、老乡、男生女生形成的小团体小圈子,使每一位班级成员都感受到我是班级大家庭的一员,每一位成员的理想与班级理想高度契合,树立正确的班集体观念,做到"班进我荣、班退我耻"。在平时班级活动的开展中有意识地将不同宿舍、不同地域、不同性别的同学进行分组,开展工作;并且班级制定具有明显班级特色的班歌、班徽和班训,并在每一位班级成员过生日时送上亲切祝福,通过每一个细小环节使班级成员真正认同班级氛围,愿意为集体付出。

3)社会实践与专业学习相结合,增强社会责任感和主人翁意识

社会实践是大学生社会价值的初步体现,大学生通过积极参加社会实践能够快速了解社会,认识国情,能够促进自身全面发展,增长才干。但是人的精力毕竟有限,大学阶段学习专业知识是社会赋予大学生最重要的使命之一,如果能够将专业知识的学习和社会实践相结合,那么可以在提升大学生学习兴趣的同时增强其历史使命感和社会责任感。

水保14-1班注重在开展社会实践过程中融入专业技能和知识,一来提高班级成员对专业学习的热爱,二来增加班级成员的社会责任感。大二学习专业课以后,班委会组织班级成员前往海淀区小学开展支教活动,负责小学生的水土保持科普工作,通过言传身教使班级成员感受到自己从事的专业是非常有意义的一件事情。另外,班级积极鼓励成员把所学的专业知识应用到生活中,由团支部牵

头调研班级成员家庭在盆栽培养、农村耕地布局等方面存在的困惑，并组织班级成员结合植物学、土壤学等课程内容进行有效解决，做到学有所用、学以致用。通过系列工作使班级成员进一步认识到水土保持对国家发展的重要性，认识到自己将要从事的工作是祖国生态文明建设非常重要的组成部分，从而增强了社会责任感和主人翁意识。

4）制定合理的班级制度，打造公平的竞争氛围

特定制度作为人类的创造成果，它对人类的思想和行为产生了十分重大的影响。好的班级制度能够让大学生思想积极向上，而坏的班级制度却可能使本应健康发展的优秀大学生沦落为思想落后的社会负担。因此，建立完善的班级制度可以对大学生主流意识形态认同发挥十分积极的作用。

水保14-1班注重班级制度的建设，邀请每一位成员参与到制度建设当中，提倡"自我管理、自我约束"，通过与学校要求相契合的系列制度的提出，每一个人在日常行为中都有班级制度进行约束。例如，通过执行班级自己制定的诚信应考制度，每次考试前班级组织同学签订诚信应考承诺书，三年来班级无一人考试违规，并且在思想上班级成员认为考试作弊和偷窃等行为都是令人不齿的；通过制定严格的班费管理制度，每月定期公开班费使用情况，使班级每一位成员对班费的使用非常放心，在班费收缴过程中非常顺畅；通过制定每周自习制度，使班级成员每周有两个固定时间段开展自习，有效提高了大学期间业余时间的使用效率，并增进了班级成员之间的友谊；通过制定评先表彰制度，使每一位成员在评优表彰时勇于讲出自己为班级的付出，打造出公平的竞争氛围。正是因为遵守这些人性化、自治化的班级制度，班级才具有非常强大的战斗力和凝聚力。

5）加强多渠道对话机制建设，引领班级成员健康成长

人是社会化动物，交流是人类区别于一般动物最显著的特征之一，很多思想与意识形态的问题都可以通过交流解决。大学生在社会上同时扮演着多重角色，接触着多样的人群，而起决定性作用的人群分别是父母、同学、教师，只有加强多渠道的对话机制，全方位关注大学生群体，才能更好地引领大学生群体健康成长。

水保14-1班努力搭建多渠道对话机制。在和父母的交流上，班级积极开展"家书抵万金"活动，每学期初在固定的时间把班级成员集中起来给父母写一封家书，要求在信中表达对父母的感恩，明确自己本学期的学习和工作目标，并把平时无法通过电话交流的事情写下来邮寄给家里，通过这样的途径畅通父母和子女之间交流的桥梁；在和班主任的交流上，班级制定了对话制度，班主任每月定期与班级同学进行沟通，时刻关注同学们的心理状态，重视学生独立思考的能力，对有问题的同学进行心理疏导，并不断激发同学们的创新意识、进取意识；在同学之间的交流上，班级在仔细分析每一个同学的优势和劣势后，按照不同学

生的优劣互补原则，组建"一帮一"互助小组，实现班级学生共同成长。

正是在一系列合理有效的班级举措实施下，水保14-1班综合成绩始终保持专业第一，连续两年获得北京林业大学优良学风班，并从全校班集体中脱颖而出，于2016年获得北京林业大学"十佳班集体"荣誉称号。水保14-1班团支部在北京林业大学2015~2016年共青团"达标创优"竞赛活动中荣获"五四红旗团支部"荣誉称号，并在2015~2016年度首都大学，中职院校"先锋杯"评选中获得北京市"优秀团支部"荣誉称号。

总之，大学生作为国之栋梁，未来之希望，需要不断强化对我国主流意识形态的认同，通过深入分析北京林业大学水保14-1班开展的各项工作和制定的各项制度不难发现，强化大学生主流意识形态应该与班级建设相结合，应该通过健全的制度和科学的理念打造具有人文情怀和公平竞争的集体氛围，营造大学生主流意识形态增强的环境。通过引导个人目标与集体目标进行有效契合，通过机制、体制、理念的不断创新，切实提升新生代大学生主流意识形态认同的实效性，最终将大学生群体对主流意识形态的认同转化为自觉的追求。

参 考 文 献

[1] 卢灿丽．高校校园文化建设：大学生主流意识形态塑造的重要路径．高等农业教育，2015，11：43-46

[2] 刘江宁．当代中国大学生信仰问题研究．济南：山东大学博士学位论文，2012

[3] 孙建青．当代中国大学生核心价值观教育问题研究．济南：山东大学博士学位论文，2014

[4] 杨晓倩．"90后"大学生主流意识形态认同研究．新乡：河南师范大学博士学位论文，2015

[5] 郭朝辉．大学生社会主义核心价值观的培育和践行研究．徐州：中国矿业大学博士学位论文，2015

[6] 廖克莉．当代大学生对专业知识的学习现状分析．成都：成都师范学院硕士学位论文，2014

[7] 谭迪．当代鄂西土家族大学生国家认同研究．重庆：西南大学硕士学位论文，2014

[8] 王静．当代西方社会思潮对大学生价值观的影响及对策研究．石家庄：河北师范大学博士学位论文，2015

[9] 古维娟．当前大学生主流意识形态淡化原因及对策．九江：九江政法学院硕士学位论文，2010

[10] 邱柏生．论意识形态功能及其与思想政治教育价值的关系．上海：复旦大学，2004

[11] 张国栋．我国高校班级问题研究．南京：南京师范大学博士学位论文，2015

[12] 于海军．当代大学生主流意识形态认同的现状分析与引领．社科纵横，2016，31：13-17

浅议新时期加强林业高等院校本科生科研能力的培养

李耀明

（北京林业大学水土保持学院，北京：100083）

摘要： 新时期，加快林业产业发展和生态环境建设已成为全面建成小康社会的必然要求，社会对林业高等院校人才培养提出了更高的要求，加快高等教育改革，强化本科生科研能力培养成为林业高等教育改革的重要目标。通过讨论林业高等院校加强本科生科研能力培养的社会意义，探索培养目标、培养模式和培养途径。

关键词： 林业高等院校；本科生；科研能力；培养

"十三五"时期，我国经济发展进入新常态，向形态更高级、分工更优化、结构更合理的阶段演变。新型工业化、信息化、城镇化、农业现代化深入发展，新的增长动力正在孕育形成，新的增长点、增长极、增长带正在成长壮大。新常态下，生态文明建设和绿色发展对林业人才提出了更高的要求，林业高等院校作为林业人才培养的主战场，如何加强本科生科研能力培养、提升人才培养质量、完善人才培养体系，成为林业高等教育改革的重要目标。

1 加强林业高等院校本科生科研能力培养的意义

1）加强本科生科研能力培养是推进现代林业发展的保障

加快林业发展已在国际上形成广泛共识，发展林业已成为各国应对气候变化和治理全球生态的共同行动，联合国将林业纳入了未来 15 年新的可持续发展目标。2015 年我国林业产业总产值达 5.81 万亿元，林产品进出口贸易额达 1400 亿美元，中国林产品产值和贸易额跃居世界首位[1]。当前，我国国民经济发展进入新常态，全面提升森林生态服务功能、促进绿色发展对林业人才培养提出了新的要求，国有林区转型改革、产业升级对实用型专业技术人才的需求也日益紧迫。作为人才输出的源头，林业高等院校加强其本科人才科研创新能力培养将为推进我国现代林业建设、建设生态文明、推动科学发展提供强有力的智力保障。

2）加强本科生科研能力培养是提高人才培养质量的途径

我国《高等教育法》第十六条第二款规定："本科教育应当使学生比较系统地掌握本学科、专业必需的理论、基本知识，掌握本专业必要的基本技能、方法和相关知识，具有从事本专业实际工作和研究工作的初步能力"[2]。通过对本科生科研能力的培养，一方面训练其在未知领域探索精神，学会独立思考，创造性分析问题和解决问题，能够适应瞬息万变的信息社会；另一方面通过了解相关专业科学体系、学术演变、科技前沿和研究方法，体会科学研究的精髓，为研究生阶段的学习打下良好基础。

3）加强本科生科研能力培养是有效实现大学生人生价值的关键

从大学生个体角度出发，在其接受高等教育期间有权获得科研能力的培养。尤其当前社会对毕业生个人素质要求越来越高，用人单位不仅关注大学毕业生的学习成绩，还特别关注毕业生的管理能力、动手操作能力和科研创新能力，因此，在本科培养阶段必须锻炼他们收集资料、数据分析、论文撰写，以及团队协作、独立思考等方面的能力和创造性思维，培养宽口径、厚基础、可塑性强、创新能力强的专业人才，才能使毕业生不管走向社会还是继续深造，能够很快适应岗位要求，在工作中突显个人能力，实现人生价值。

2　林业高等院校本科生科研能力的培养目标和培养模式

在高等教育最为发达的美国，本科生科研在大学中已非常盛行，虽然目前对大学生科研的定义不同，但达成的共识是"本科生科研是指由本科生进行的探究或调查活动，通过这种活动，可以对学科的发展作出原创性的、理智的或创造性的贡献。"他们认为本科生的科研能力包括获取专业知识的自主学习能力、学习科学研究方法的能力和逻辑分析论证能力等[3]。因此，林业院校本科生科研能力体系包括提出问题的能力、自学能力、文献综述能力、业务能力、试验能力、统计分析能力、逻辑思维能力、论文写作能力和团队协作能力，应通过各个教学环节加强培养。

（1）提出问题的能力也就是创新思维的能力，爱因斯坦曾说"提出一个问题比解决一个问题更重要，因为有问题才会有思考，有了思考才有可能找到解决问题的方法和途径"，也就是问题是客观存在的，准确、独特的问题切入点是打开科学研究大门的钥匙。

（2）业务能力即专业知识和技能，拥有扎实的专业基础知识，熟悉相关领域专业技能是从事科研的基础。

（3）文献综述能力包括文献检索、收集、阅读、归纳和评述能力等，是做好科学研究的前提。

（4）自学能力永远都是学习的主体形式，科学研究所涉及的很多知识是课堂上讲不到的，只有通过自己查阅文献，才能更好地获取知识。

（5）试验能力即实际操作能力，林业类专业大部分都是实用性较强的专业，科研的开展离不开大量的试验操作，只有具备良好的试验能力才能获取科研基础素材。

（6）统计分析能力是通过科学的统计该方法对试验数据进行分析、提取并总结的过程，从而得到科学的研究结果。

（7）逻辑思维能力对事物进行观察、比较、分析、综合、抽象、概括、判断、推理的能力，林业相关专业应用性、实践性、交叉性较强，对学生的逻辑思维能力要求较高。

（8）论文写作能力是开展科研必不可少的能力，学术论文是对科研成果的描述，有着较强的逻辑性和思维严谨性。

（9）团队协作能力是大科学时代开展科研工作必需的一种劳动形态，尤其是本科生知识结构还不够系统，必须参与导师、研究生牵头的科研团队或由若干名专业知识结构互补的本科生组成的团队才能有效开展研究工作。

培养模式在参照国外研究型大学科研能力培养的基础上，紧密结合行业特色，根据不同年级学生状况，制订适合他们科研能力提升的方案。

大一侧重启蒙和认知。针对刚踏入校园的新生来说，由于他们来自全国各地，接受教育的水平存在差异，科研潜质各有不同，应采用专家讲座、科技竞赛、学术沙龙等活动带动他们的科研兴趣，为他们打开科学大门。同时，通过参与科研讨论、模拟科研等方式了解他们的基础科研素质，以便分类指导。

大二重点提升科研素质。该阶段应训练他们思考问题的严谨性和逻辑性，规范思维体系，提升专业基础认知、文献检索、试验设计等方面的能力，有条件的学校该阶段应配置指导老师，制订科研计划，进行系统指导。

大三正式开展科学研究。在前两年打好基础的前提下，不能停留在闭门造车、纸上谈兵阶段，应通过设置奖励基金，支持和鼓励学生通过自选课题，结合实际情况跨专业合作，一方面通过合作扬长避短，为了统一的目标统筹各方利益，尊重他人的观点，训练他们的协作能力；另一方面，为了完成科研任务要不断查阅相关文献、开展试验，锻炼他们的自学能力、文献综述能力、试验设计能力和数据分析能力。

大四总结提高。在本科阶段的尾声，部分学生面临考试升学压力，也有部分面临就业压力，因此要统筹安排，与学生本科阶段的毕业论文相衔接，指导学生将前期的科研成果进行总结，撰写科研论文，系统训练他们的逻辑思维和论文撰写能力，同时要对学生本科阶段的科研能力和成果进行评定，为其就业或升学铺路。

3 林业高等院校本科生科研能力的培养途径

1）促进教学和科研的结合

教学与科研相结合是培养本科生科研能力最基本，也是最有效的途径，如麻省理工学院校长查尔斯·维斯特说"人家问我成功的秘密是什么，我说没有什么秘密，我最大的秘密就是促进教学与科研的结合，尽可能把年轻人引导到科研领域"。目前我国林业院校教授基本都承担相应的科研任务，应坚持"教学带动科研，科研促进教学，教学科研相长"的原则，将科研成果在课堂上转化，改变过去课堂教学"满堂灌"的现象，教师发挥引导作用，培养学生自主学习、创新思维和科研能力，激发和诱导学生的科研兴趣，从而进一步指导学生参与科研。同时可充分利用学校、企业与科研单位等各自优势，将教育与生产、科研实践有机连接起来，构建实验、实习、实训一体化的实践教育教学体系，为学生科研和实践提供平台，突出实践教学的示范辐射效应和社会服务功能。

2）因材施教分类指导

每个学生对科研的兴趣、专业基础等方面不同，应该有针对性地开展分类指导，如让基础好、兴趣强烈的学生提前参与导师科研，对于科研兴趣一般的学生重点培养其综合素养以更有利于其就业和深造。同时，大学生处于专业知识积累的黄金时期，科研能力训练不仅包括基础课程和试验课程的学习，更要有思维训练、方法传授、精神塑造，通过订阅本领域前沿期刊、开展名师讲座、参加学术交流等形式进行知识拓展，也要支持学生走出去到国外研究院所见习，扩展视野，提升专业素养。

3）推行导师指导制度

导师制最大的特点是师生关系密切，导师不仅指导学生学习、引导参与科学研究，还会知道学生生活，形成健康的思想和心智。选拔具有较高学术造诣、有较强责任感的教师担任导师，能够确保本科生科研团队从选题开始就有一个很好的掌控，确保研究沿着正确的方向推进，避免研究盲目，提高本科生科研工作的水平和质量。另外，可依托导师社会资源，推荐学生到企业、研究院所和相关事业单位参与本专业相关管理和科研工作，拓宽学生视野。

4）建立稳定的投入机制

当前林业院校本科生科研仍然依托于学生自愿参加教师科研项目的自由模式或依托大学生科技创新项目、挑战杯等，支持学生开展科学研究的经费来源有限。学校应加大实验设施投入，实行相对开放的管理，发挥实验室等相关平台在学生科研和创新能力培养中的作用。同时应拓宽本科生从事科研资金来源渠道，在争取财政资金支持基础上通过与企业合作，或者校友捐赠等方式争取资金，设立带有行业性质的本科生科研项目基金。

5）完善本科生科研能力考核体系

目前大部分林业院校已经改变单纯以课程考试成绩决定学生综合素质的评价方法，采用第二课堂综合素质考评体系，也将科研纳入其中作为一个重要部分。但从创新教育的角度来看，应该建立和完善独立的本科生科研能力考核体系或提升其在综合素质考核中的权重，这样一方面引导和激发本科生参与科研的热情；另一方面最终的考核也是其大学期间科研能力的证明，在申请出国留学、研究生入学中发挥一定的作用。

参 考 文 献

［1］新华社.2015年全国林业产业总产值达5.81万亿跃居世界首位.造纸信息，2016-2-10

［2］全国人民代表大会常务委员会.中华人民共和国高等教育法，2002-01-21

［3］安琦.美国本科生科研能力培养模式与我国英语专业建设.黑龙江高教研究，2009，
（6）：68-71

第二篇　课程改革与实践教学

"水土保持学" 课程教学的探索与实践①

毕华兴, 余新晓

(北京林业大学水土保持学院, 北京, 100083)

摘要: 随着我国水土流失与荒漠化问题的日益突出, "水土保持学"已经成为与水土保持与荒漠化防治相关的资源环境类、生态类、地学类、农学类等专业教学计划中的一门专业课程。面对水土保持相关专业学生水土保持相关基础知识的不足和缺陷, 如何将繁重的"水土保持学"教学内容在有限的教学学时内给学生一个比较全面且重点突出的讲解, 是值得探讨的问题。笔者结合多年从事"水土保持学"教学的实践经验, 对"水土保持学"教学内容的组织与安排、教学手段与方法进行了探讨。

关键词: 水土保持学; 水土保持与荒漠化防治相关专业; 教学内容; 教学方法

水土资源是人类赖以生存和发展的物质基础, 是环境与农业生产的基本要素。防止水土资源的损失与破坏, 保护、改良和合理利用水土资源, 对于维护和提高土地生产力, 发展水土流失地区的生产, 改善生态环境, 整治国土, 治理江河, 减少水、旱、风沙等自然灾害, 以及促进山区脱贫致富起到了积极的作用, 具有非常重要的现实意义。目前水土流失引起的生态环境问题已成为制约我国经济社会发展的主要影响因素之一。面对社会发展的新形势、新的人才需求市场, 水土保持行业的发展对水土保持人才的培养提出了新的要求。

本文针对水土保持与荒漠化防治相关专业"水土保持学"课程教学实践中的难点问题, 结合笔者多年来从事水土保持学课程教学的实践和经验, 对"水土保持学"课程教学的探索进行了总结, 以供水土保持与荒漠化防治相关专业教师在"水土保持学"课程的教学过程中相互借鉴, 提高水土保持学的教学质量和教学效果。

1 "水土保持学" 教学的需求分析

我国是世界上水土流失严重的国家之一, 国土总面积约占全世界土地总面积

---

① 资助项目:《水土保持学》精品课程与在线学习资源建设与实践(BJFU02MS01)。

的 6.8%，而水土流失面积约占全世界水土流失面积的 14.2%，不论山区、丘陵区、风沙区，还是农村、城市、沿海地区都存在不同程度的水土流失。我国每年土壤流失量约 50 亿 t，水土流失强度中度以上的面积达 193.08 万 km²，强度以上的面积达 112.22 万 km²。水蚀区平均侵蚀强度约为 3800t/（km²·a），远远高于土壤容许流失量，也远大于世界上水土流失严重的国家［印度、日本、美国、澳大利亚等国，其平均土壤侵蚀模数分别是 2800t/（km²·a）、967t/（km²·a）、937t/（km²·a）、321t/（km²·a）和 167t/（km²·a）］[1]。

水土流失给我国的生态环境建设、经济建设、社会发展都带来了严重的后果[2]，水土流失形势十分严峻，加强水土流失综合防治，保障国家生态安全，是我国的一项长期战略任务。但社会的发展为水土流失综合防治创造了机遇，同时也带来了挑战[3]。从机遇来看，国家对水土流失综合防治工作十分重视，经济社会发展对水土流失综合防治有新的要求：党的十七大对水土保持提出新的更高要求，要求加强生态文明建设与生态环境保护，促进生态修复，这要求我们加大水土流失防治力度，实现水土资源的可持续利用，促进生态环境的可持续维护和经济社会的可持续发展；全面建设小康社会和社会主义新农村建设对水土保持提出新任务，要求充分发挥经济效益、生态效益和社会效益统筹兼顾的优势，推进人口、资源、环境协调发展。从挑战来看，体现在水土流失防治任务重，要求用大约 50 年的时间治理 200 多万 km² 的水土流失面积；人为水土流失加剧的趋势尚未得到有效遏制，每年新增水土流失面积 1.5 万多平方千米，新增水土流失量超过 3 亿 t；人口、资源、环境的矛盾更加突出，水土资源已经成为经济社会发展的"短板"；现有体制、机制和政策不完善，管理不顺，投入不足，监管不力使得水土保持效果不能稳定持续。水土保持专业人才的不足以及全民水土保持意识的欠缺极大地限制了水土保持的进一步深化和发展。

水土保持机遇和挑战并存的现实要求改进水土保持专业人才培养的模式和教学体系，对水土保持行业的高等教育、人才培养提出了新的要求，培养掌握水土保持基本理论知识和基本技能的综合性水土保持人才迫在眉睫。现已基本形成了水土保持与荒漠化防治专业的博士、硕士、学士及其他的水土保持人才培养格局[4]，许多与水土保持相关的专业也将"水土保持学"课程列为其专业的教学内容，"水土保持学"课程已成为资源环境类、生态类、地学类、农学类等专业学生必须掌握的专业知识，并在我国新的高等教育课程设置中得到了体现。据不完全统计，全国开设此课程的高等院校有近 30 所，而且仍在不断扩展之中，部分学校的水土保持及其相关专业已经将"水土保持学"作为研究生入学考试的科目，"水土保持学"教学越来越受到同行的关注。作为"水土保持学"教学的专门教材——《水土保持学》，也先后被列为"面向 21 世纪教材"、国家"十五规划教材"、国家"十一五规划教材"。最初的《水土保持学》（第 1 版）先后被印刷 6 次[5]，《水土保持学》（第 2 版）也 2 次印刷，《水土保持学》（第 3 版）也于 2013 年出版，仅从这一点足以看出"水土保持学"教学的地位和作用。

2 "水土保持学"课程教学的难点

虽然部分学校已将"水土保持学"列入研究生入学考试范畴，但对于水土保持与荒漠化防治专业本科生来讲，其教学计划中并未出现"水土保持学"这门课程，而是具体体现在"土壤侵蚀原理""林业生态工程学""水土保持工程学""农地水土保持学""水土保持规划""水土保持法律基础""水土保持方案编制""水土保持监测"等多门课程中，这些课程从基础理论到专业知识课程设置十分全面[6-12]，所以，对于水土保持与荒漠化防治专业的学生来说，通过大学四年专业课程的学习，非常容易掌握"水土保持学"教学计划中要求的内容。

而对于水土保持与荒漠化防治相关专业，如资源环境与城乡规划管理、草业、环境科学等专业，要将如此多的独立课程内容融为一门课程，并在学时有限（一般为 32 学时或 40 学时）的情况下进行讲授，使学生在较短的学时内了解和基本掌握上述各门课的相关理论知识和技术，是"水土保持学"课程教学的最大难点；由于学时有限，大部分院校的"水土保持学"教学大纲中都不能体现实践教学内容，这给"水土保持学"这门实践性极强的课程教学带来了更大的限制；水土保持与荒漠化防治相关专业学生"水土保持"相关理论基础（如水文学、地质地貌学等）知识的不足给这门课程的教学更是增加了难度。

鉴于"水土保持学"教学任务重、内容多、学时短、实践环节少、前期基础差等问题，探索其教学内容和教学方法，进行"水土保持学"教学内容与教学方法的改革已势在必行。

3 "水土保持学"课程教学内容的探索与实践

"水土保持学"课程的教学目的是通过对本课程的学习，使学生获得水土保持学的基本理论知识，掌握水土流失调查与水土保持规划、水土保持综合措施设计的基本技能，了解现行的水土保持法律法规和政策体系。从内容上来看，"水土保持学"浓缩了水土保持与荒漠化防治专业的"土壤侵蚀原理""林业生态工程学""水土保持工程""农地水土保持""水土保持规划""水土保持法律基础""水土保持方案编制"等几门独立课程的全部教学内容，既包括水土保持的基础理论知识，又囊括了水土保持专业技能和实践各个环节，其教学内容主要包括以下 4 个部分。

一是水土保持学的理论基础，包括生态经济学原理、生态学原理、系统科学原理、可持续发展原理、水文学原理、土壤侵蚀原理等，重点是水文学原理和土壤侵蚀原理。通过对这一部分的学习，学生可以掌握与水土流失、水土保持相关的基础知识，并能在水土保持规划、措施布设的实践中应用。二是水土流失调查与水土保持规划技术，主要使学生掌握水土流失调查与水土保持规划的方法、程序，了解水土保持相关的技术标准。三是水土流失防治措施体系，包括水土保持林草措施、工程措施、农业耕作措施。通过对主要水土保持单项措施的位置选择、布设方法和功能作用的学习，学生可以掌握以小流域为单元综合布设各种措施体系的技能，实现水土保持三大措施的统筹兼顾和三大效益的协调统一。四是水土保持法律法规及其管理，包括水土保持法律法规体系、水土保持监督执法、水土保持生态建设项目前期工作、生产建设项目水土保持（含方案编制）、水土保持监理等内容。

面对如此庞杂的教学内容和任务，笔者在教学过程中，首先对"水土保持学"的教学内容进行了认真分析，根据不同的教学目的分别进行了教学内容的设计。列出了哪些内容必须要在课堂上详细讲解，哪些内容可以通过学生自学后，再采用课堂答疑的方式让学生掌握，哪些内容可以通过学生查阅参考文献，让学生自己进行综合归纳来掌握，哪些内容可以通过课堂讨论的方式让学生了解，不同的内容应该采取哪些方式来讲解以便学生更容易接受等，对课程教学内容进行了探索和实践，这里仅给出几个案例。

"水文学"的基础知识，部分专业（如草业专业）的学生从未涉及，如果讲解这些基础知识，那么将全部学时耗费在这一点上也未必能满足学生的要求，为此，笔者将这一部分内容压缩在两个学时内完成，以水文要素的测定为主线，用大量的多媒体素材给学生直观地讲解，讲解过程中穿插各种水文要素的概念，使学生通过水文要素的测定这一主线、根据水分循环和水量平衡等基本理论来了解水文学的主要内容，如降雨、土壤入渗、径流、泥沙等。

"水土保持林草措施"作为水土流失防治的三大措施之一，在教学中不再按照传统的坡面水土保持林、沟道水土保持林、河滩护岸防护林等林分的水平和立体配置、林分结构设计、树（草）种选择、整地等顺序进行讲解，而是选择黄土高原沟壑区和南方土石山区为典型案例，结合已有的科学研究成果进行案例教学，讲解水土保持林体系的优化配置模式和典型的造林设计，并给出适合不同类型区水土保持林体系配置的模式和优化结构设计，适宜的树种、草种选择等，以便学生在实际工作中参考。

"水土保持工程措施"内容广泛，包括坡面防护工程，沟道防护工程，集水、保水工程，节水灌溉工程，而每一种大的工程类型内又包括众多的措施类别。"水土保持学"的教学则重点突出坡面工程中梯田的断面设计，沟道工程中谷坊、淤地坝的位置选择、功能作用，并给出适合不同类型区的工程断面设计参数，不再涉及小型水库复杂的调洪演算等内容。

笔者按照这种思路进行了"水土保持学"相关教学内容的调整，并在教学实践中付诸了实施。实践证明，改变过去所有的章节都在课堂上详细讲解的方式，极大地提高了教学效率，丰富了教学内容，将十分繁杂的教学内容分成不同层次进行讲授，不但使学生学到了必要的知识，同时也锻炼了学生自主学习的能力。

4 "水土保持学"教学手段和方法的探索与实践

笔者将不同的教学手段与方法相结合，如现代多媒体的使用与传统教学手段相结合、学术专题讲座与课堂讨论相结合、采用必要的教具与图片等，在教学手段与方法上进行了一些探索与实践，取得了较好的效果。

4.1 现代多媒体的使用与传统教学手段相结合

随着科学技术的进步，现代化的教学手段已成为当前实施素质教育、提高课堂教学效率的有效手段，多媒体的使用可提高课堂的信息容纳量，通过视觉效果可增强空间印象与理解，增强视觉冲击力，提供直观的印象，可达到事半功倍的教学效果，但是，如果没有传统教学手段的配合，只是完全"放电影"式的多媒体教学，往往达不到预期的效果。所以，"课本+粉笔+黑板+挂图"的传统模式[13]必须和现代的多媒体教学工具融为一体，简单的知识以多媒体的形式出现，重点和难点则结合传统的教学手法，现代多媒体的使用与传统教学手段的结合是非常必要的。

以"水土保持学"中的水土流失分区为例，水土流失分区中讲授的内容几乎包括了我国所有的自然地理地貌，众所周知，我国地域辽阔，不同地区的自然、经济条件千差万别，不同地域土壤侵蚀类型、治理模式差异很大，用传统的教学方法和手段，如在黑板上用文字描述东北黑土区、黄土丘陵沟壑区的水土流失特点、成因、问题和对策，无法与实际相联系，学生掌握起来比较困难，进而会感到枯燥无味，这也是过去讲授"水土保持学"时水土流失类型分区是讲授难点之一的原因，而应用多媒体教学方式，将文字、地图、录像短片，甚至于解说词等内容活灵活现地呈现在学生面前，加上学生对自己家乡的热爱和浓厚的乡情，学习起来既直观又生动，既可以激发学生学习的积极性，还可以提高学生学习的主动性。例如，在讲授南方石漠化的侵蚀问题时，笔者在教学中播放了一个仅有20分钟的"挽救石缝中的家园"（中央电视台录制）的教学短片，学生就在较短的学时内基本掌握了石漠化发生的区域、特点、防护措施等信息，收到了事半功倍的效果。

4.2 学术专题讲座与课堂讨论相结合

组织学术专题讲座和课堂讨论是"水土保持学"教学过程中的一个尝试。实践证明，通过学术专题讲座，介绍水土保持学的最新动态和热点，如组织国内外专家讲授土壤侵蚀预报方法及其预报模型，能够使学生对水土保持的最新动态、研究热点等问题有一个宏观的认识；通过课堂讨论，如以"水土流失与贫困""水土保持生态补偿"等这些现阶段的焦点和热点问题为题材进行讨论，激发学生积极思考的主动性和认真学习的责任感，这种讨论对学生的教育不仅仅体现在水土保持学课程的学习上，更多地是使学生体会到自己肩负的历史使命。

4.3 必要的教具或图片的使用

为了克服"水土保持学"课程缺乏实践教学环节的弊端，课堂讲授中配备了相应的教具和图片，以提高学生的想象力，如一张有记录的自记水位计记录纸，就可很好地使学生了解和掌握水位计的工作原理以及如何进行数据整理。几张野外拍摄的侵蚀沟不同发育阶段的照片，就能够使学生有身临其境之感。

5 结 语

"水土保持学"是一门融理论、技术、方法和实践为一体的综合性课程，既涉及水、土、气、生、地形地貌等多种自然因子，同时又与人类活动密切相关，是一门集自然科学与社会科学于一体的课程，对于水土保持与荒漠化防治相关专业来说，要使学生在较短的学时内掌握基本的基础理论知识和实践技能，教学内容、教学方法的探索与改革势在必行。当然，要达到良好的教学效果，并非短期内个别人的努力就能实现，需要水土保持教育和科研界同仁长期的共同努力和不断创新，并根据水土保持工作的发展需求来不断改革和完善。

参 考 文 献

[1] 李智广, 曹炜, 刘秉正, 等. 我国水土流失状况与发展趋势研究. 中国水土保持科学, 2008, 6 (1): 57-62

[2] 余新晓. 我国水土保持高等教育发展现状与对策. 中国水土保持科学, 2007, 5 (1): 90-93

[3] 王冠军, 乔建华, 柳长顺, 等. 我国水土流失综合防治政策研究. 中国水土保持科学, 2008, 6 (1): 77-82

［4］程洪，刘佳丽．高职高专水土保持生态类专业教学改革研究．中国水土保持，2006，
（2）：37-39

［5］余新晓，毕华兴．水土保持学（第3版）．北京：中国林业出版社，2013

［6］高甲荣，程云，张洪江．水土保持与荒漠化防治本科教学内容与课程设置改革的探讨．
中国林业教育，2005，（2）：23-25

［7］姜德文．水土保持学科在实践中的应用与发展．中国水土保持科学，2003，1（1）：
88-91

［8］吴发启．水土保持学科教学体系构建的思考．中国水土保持科学，2006，4（1）：5-9

［9］吴发启，王健．水土保持与荒漠化防治专业课程体系的建立．水土保持通报，2006，26
（4）：56-59

［10］吴发启，刘秉正．我国水土保持学科研究亟待解决的问题．水土保持研究，2004，11
（3）：217-219

［11］关君蔚．中国水土保持学科体系及其展望．北京林业大学学报，2002，24（5/6）：
273-276

［12］王卫东，孙天星，郑合英．浅谈水土保持学科体系的组成．中国水土保持，2003，（9）：
17-18

［13］武敏，郭成久，苏芳莉．浅议多媒体技术在《水土保持学》中的应用．中国科技信息，
2007，（19）：231

"风沙物理学"课程SPOC教学模式设计探索①

丁国栋，赵媛媛，高广磊，冯 薇

（北京林业大学水土保持学院，北京，100083）

摘要： "风沙物理学"是水土保持与荒漠化防治专业本科必修课程，在传统的课程教学过程中，普遍存在受众范围小、教学交流机会少、师生互动不足、理论和实践课程脱节、学生积极性不高等问题。针对上述问题，在小规模私有在线课程（Small Private Online Course，SPOC）思想指导下，对"风沙物理学"教学模式进行了设计探索，为深化教学改革、提高人才培养质量提供理论支持。目前，"教学视频软件""精品课程"和"微课"等是这种教学模式的初级阶段，在院校内部推进和外部合作的共同支持下，"风沙物理学"SPOC教学模式应是未来教学改革的主攻方向。

关键词： 风沙物理学；在线教育；MOOC；SPOC

风沙物理学是人类在与风沙灾害抗争的实践中将地学、生物学和经典流体力学相结合形成的一门交叉科学，核心是研究各种风沙现象的规律和形成的物理机制及其利用与控制原理[1,2]。作为沙漠科学的重要分支学科，在教育部颁布的《普通高等学校本科专业目录和学科专业介绍》中，风沙物理学被列为水土保持与荒漠化防治专业的主干课程之一，是相关专业学生了解和掌握风沙问题成因及荒漠化防治理论和技能的基础。当今，随着全球范围内的荒漠化和土地退化带来的生态环境问题日益突出，给"风沙物理学"提出了更多亟待解决的问题[3]，也向"风沙物理学"专业人才的培养提出了新的挑战。深入推进风沙物理学教学模式改革，对于提高相关专业学生的学习效果和积极性、提升其应用基本理论、基本方法分析和解决实际问题的能力，培养新时期生态文明建设亟须的创新型人才均具有十分重要的意义。

《教育信息化十年发展规划（2011—2020年）》明确指出，高等教育信息化的核心任务是"推进信息技术与高等教育深度融合，创新人才培养模式"。因此，作者根据多年教学经验，总结了《风沙物理学》课程发展现状及存在问题，

① 基金项目：北京市共建项目《中国沙漠化及其防治》精品视频开放课。

在信息技术这一有力工具的支持下，提出了小规模私有在线课程（Small Private Online Course，SPOC）思想指导下的"风沙物理学"教学模式，并就其未来实现和发展前景进行了探讨。

1 "风沙物理学"课程特点及传统教学中存在的问题

1.1 受众群体范围小，教学交流机会少

相比本专业的普通物理学、综合自然地理等专业基础课程，"风沙物理学"课程开课范围小。据不完全统计，在我国高等院校中，仅有北京林业大学、东北林业大学、西北农林科技大学、内蒙古农业大学、山东农业大学、河北农业大学、甘肃农业大学等农林和师范类等院校开设有"风沙物理学"课程，每校每年受众学生为 50~100 人。无论是教学和学习，交流机会不足，不利于课程的改进。

1.2 与其他学科交叉多，不易把握课堂授课详略

风沙物理学理论基础是流体力学、理论力学等，授课内容与地质地貌学、土壤侵蚀学、荒漠化防治工程学、沙漠学等课程有不同程度的交叉。例如，风沙运动的讲授过程中，需要多次运用流体力学中的附面层理论、连续性方程等理论；土壤风蚀的部分内容在土壤侵蚀学中有所涉及。这样对教师授课内容详略提出挑战，为了充分利用课堂时间传授更多新知识，教师往往简略回忆已讲授内容，但这样又会影响那些对已有基础知识掌握不扎实学生的听课效果。

1.3 授课时长有限，难以满足师生互动

"风沙物理学"的授课时长一般为 24~48 学时不等，不同院校会根据自身教学特色对教学计划进行调整。由于该学科是一门新兴学科，很多科学问题尚处于探讨当中，例如，"沙粒如何起动？鸣沙现象为何产生？"等，现有各类教材中对于类似问题给出了多种假说，需要教师采取探究式的教学模式，对不同学说和最新研究进展进行充分互动交流，从而培养学生的自主科学探究能力，加强学生对科学本质的认识。现有课时数仅可以满足教师对知识的讲授，很难实现师生之间对相关理论难点和科学问题的深入探讨。

1.4 课程实践要求高，难度大，不易调动学生积极性

"风沙物理学"课程的基础理论部分，如空气动力学基础、风沙运动机理、风沙地貌形成及演变机制、土壤风蚀机理等多个重点内容与实践紧密联系，其实践教学过程是培养学生专业素养和能力的关键环节，对实验条件（如仪器设备、气候条件）的要求较高，且需要学生具备较强的动手操作能力，才能实现教学目标要求。由于实践课程学习时间限制，实践教学以教师讲授操作为主，基本无法实现学生动手能力的锻炼和提高，也很难激发学生的积极性，难以达到较好的学习效果。

2 小规模私有在线课程（SPOC）指导思想

SPOC 由大规模在线开放课程（Massive Open Online Course，MOOC）（也译为"慕课"）概念发展而来[4]。维基百科将 MOOC 定义为"一种以开放访问和大规模参与为目的的在线课程"，其特征主要表现为规模大、开放性、网络化、个性化和参与性[5]。加利福尼亚大学伯克利分校于 2012 年首次以 MOOC 形式开设了计算机软件工程课程，让世界各地的学者受益[4]。自 2012 年以来，MOOC 在世界高校开始流行，对全球高等教育产生了重要影响。然而，MOOC 也存在着多种问题和困境，例如，课程完成率不高，不足 10%；教学模式囿于传统，仍以课程为中心；学习体验缺失，缺乏教学互动；学习效果未知，评估困难[6]。在这种背景下，SPOC 应运而生，它是 MOOC 资源用于小规模、特定人群的教学解决方案，目标在于实现 MOOC 与校园课堂教学的有机融合。SPOC 教学模式结合课程线上和线下教学经验，在发挥 MOOC 课程低成本、高效率、易普及等优点的同时，吸收线下课堂在团队合作、个性化指导方面的优势，有望弥补 MOOC 的多种不足。

国内外已经在 MOOC 和 SPOC 方面开展了多种尝试，取得了显著的效果（徐葳等，2014）。加州圣何塞州立大学使用麻省理工学院授权的 Anant Agarwal 的"电路原理"课程进行教学。教师利用 MOOC 获得高质量的教学内容并通过自动评分系统给予学生快速的反馈，学生在课堂上与教师和助教一起进行实验和设计等活动，这样最大限度地提高了课堂互动性和学习效率，课程通过率从原来的 59% 提高到 91%，教学质量得到明显提升。我国 SPOC 混合教学模式在清华大学首先得到了示范。2013 年秋季，清华大学引入加利福尼亚伯克利大学的"云计算与软件工程"课程，为计算机科学实验班 30 位学生开设。学生需要在课前观看英文原版课程视频，课堂中，先与授课教师以问答、幻灯片展示等形式讨论课

程内容的重点和难点，之后分组进行编程完成作业。SPOC 教学后，该班学生平均成绩基本能与加州伯克利大学持平，并有七成的学生对团队工作充满热情。由此可见，SPOC 模式有助于增加学生的课程投入时间，教师可以引导学生积极思考并进行更深入的讨论，激发学生学术兴趣和学习的主动性，培养学生解决问题、表达观点等综合能力。

3 "风沙物理学"课程 SPOC 教学模式探索

从当前"风沙物理学"的课程性质来看，SPOC 模式也是未来"风沙物理学"教学创新的突破点。"风沙物理学"的 SPOC 教学模式需要在 MOOC 课程的支持下，结合线下教师引导进行翻转课堂，最终在课堂上通过难点重点讨论、分组实验设计、实验结果展示等方式深入对知识的理解，提高学习效率和教学质量（图1）。

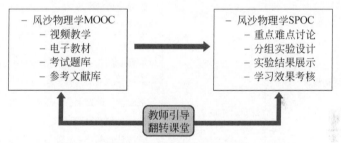

图1　"风沙物理学" SPOC 教学模式设计思路

3.1　学生条件分析

"风沙物理学"主要面向"水土保持与荒漠化防治"专业的学生和相关领域的科研人员。学生已有的专业基础包括高等数学、流体力学、土壤侵蚀原理、生态学、土壤学、植物学、地质学、地貌学、气象学等。学生学习本门课程的目的主要在于掌握风沙运动的机理和实验方法，为实践中制定科学合理的荒漠化防治工程措施奠定理论基础。

3.2　制定教学目标

1）制订课程目标

通过在线课程的学习，使学生系统掌握风沙物理学的基本概念、基本理论、基本规律、计算方法、测试技术、研究手段，了解国内外学科动态，为学好有关专业课程、从事专业工作和进行科学研究奠定基础。

2）确定课程结构

课程计划在 20 课时内完成相关教学内容（表1），主要包括六部分内容：风沙物理基础知识、风沙运动规律、风沙地貌动力机制、土壤风蚀与防治、沙尘暴概述、风沙研究与实验方法，拟通过这些课程的讲授，让学生具备风沙物理学的基础知识和基本技能。

表1 "风沙物理学"在线教学内容与目标

序号	主题	教学内容	学习要求	学时
1	基础知识	流体力学基础知识	掌握流体、层流和紊流等基本概念；掌握连续性方程、伯努利方程、附面层理论及应用	4
		风及其基本性质	了解近地面层风的分布特征；掌握风的表示及分析方法	
		沙及其基本性质	了解沙物质的来源；掌握沙物质粒径的表示及结构分析方法	
2	风沙运动规律	单个沙粒运动	了解沙粒起动的受力特征；掌握沙粒的起动风速及其影响因素；掌握沙粒运动的三种形式	4
		沙粒群体运动	掌握输沙量的定义，以及野外输沙量、风沙流结构测定的方法	
3	风沙地貌动力机制	风沙地貌动力学原理	了解风沙地貌类型；能够运用风沙地貌动力学原理解释风蚀地貌和风积地貌的形成过程（重点为新月形沙丘和沙波纹的形成过程）	2
		风沙地貌分类	了解风沙地貌的类型及分布特征	
		风沙地貌形成与运动	掌握沙丘的运动规律和影响因素	
4	土壤风蚀与防治	土壤风蚀过程	掌握土壤风蚀的定义	4
		土壤风蚀过程影响因子	土壤风蚀的各类影响因子及影响机理	
		土壤风蚀评估模型	了解主要的土壤风蚀评估模型及其应用范围	
		风蚀控制主要措施	了解风蚀控制的主要措施及其风沙物理学原理	
5	沙尘暴概述	沙尘暴定义及分类	了解沙尘的主要分级、分布	2
		沙尘暴成因和典型案例	了解沙尘暴的危害、成因和监测方法	

序号	主题	教学内容	学习要求	学时
6	风沙研究与实验方法	认识常用仪器设备	掌握风速仪、集沙仪、土壤筛、粒度分析仪等的使用方法	4
		风速廓线测量方法	掌握设计和测量风速廓线的方法	
		沙障/防护林防风效益测量方法	掌握防风效益测量实验的技术难点	
		地表粗糙度测量方法	掌握不同类型地表粗糙度的测量和计算方法	

3.3　制作在线视频课程

在线视频课程主要包括视频教学、电子教程、参考文献库和试题库四大部分。①视频教学。包括理论知识讲授、实验仪器操作和实验示范三部分。由 2～3 位经验丰富的教师共同设计授课思路和教学课件，根据自身专长合作讲授理论知识。由于授课时长相对灵活，可以详细讲授每个相关知识点；由授课教师、实验员和从事相关研究的研究生录制实践教学部分，具体包括各类实验仪器（如风速仪、集沙仪）的工作原理、操作步骤、数据处理方法，同时结合具体研究案例，展示不同工作环境和实验目标要求的试验、测试和分析过程。②电子教程。紧密结合视频授课内容制作电子教程，以丰富多样的流程图、思维导图等形式加强学生对课程内容的理解。③参考文献库。与不同章节相对应，教师提供相关内容的经典文献和最新研究进展等文献，便于学生进行深入学习。④考试题库。建立"风沙物理学"考试题库，包括选择题、填空题、简答题和论述题等类型，并附带客观题答案和主观题要点，以供学生自测。

3.4　线下课程设计

线下课程的设计是整个教学过程的关键环节，是一个以教师为引导，以学生为中心的教学环节。该环节中，教师需要在课前设计好课堂讨论等互动环节，通过翻转课堂，激发学生学习的主动性和创造性。以 24 学时为例，教师根据不同时段视频讲解的内容，可以将每 4 学时划分为一个板块，以风沙运动板块为例（图 2），第一学时与学生就重点难点开展讨论，如沙粒起动受到哪些力的作用？哪种沙粒起动假说你认为最合理？你是否有新的推断？第二学时根据实验条件布置实验设计任务，学生分组讨论开展实验设计，并在课下预约风洞实验室进行研究；最后两个学时进行实验结果的展示，各个分组就各自实验的结果及其与现有研究成果的对比进行阐述，利用同伴相互教学和评论的方式提供反馈。最终由教师总结学生获得的解决问题的技能和成功的经验，探讨新知识的应用范围。

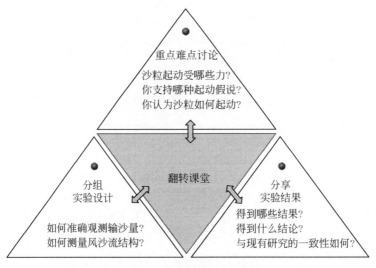

图2　线下课程设计示例

4　"风沙物理学" SPOC 教学模式思考

　　SPOC 教学模式有助于改善"风沙物理学"等专业基础课程授课形式较为单一、课时不足、实践课程效果差等问题，利用在线教学平台和线下翻转课堂相结合，切实增强课堂教学的互动性，有利于教学过程向课堂之外的延伸，进一步提高教学质量，对专业创新型人才培养具有重要意义。基于在线课程的"风沙物理学" SPOC 教学模式是面向未来开放教育的必然选择。现有的"教学视频软件""精品在线课程""微课"等教学形式和手段正是这种教学模式的初级阶段，但是教学过程中的师生互动性和学生参与度尚显不足。要在各农林院校推广"风沙物理学"的 SPOC 教学模式还有很长的路要走，需要从校内和校外两个方面做足准备。

4.1　重视内部推进

　　教师是授课的主体，一方面要有效调动教师的积极性，采用有效的激励机制促进教师的自我变革；另一方面，高校在课程资源建设中要秉持"贡献资源并享用资源"的发展思路，积极推进特色课程的建设改革，在资金、技术等多方面给予课程改革有力支持。

4.2 加强外部合作

SPOC 教学模式是 MOOC 在线教学与线下教学的混合教学模式，其仍然以在线教学为基础，目的之一是与全国相关领域的学生和教学科研人员分享。为避免教学资源的过度重复和浪费，外部合作显得至关重要。对于"风沙物理学"这种专业性较强、受众范围相对集中的课程，高校应联合制定科学合理的教学大纲，充分发挥不同高校优势，共同完成在线课程群的建设，在提高教学质量的同时，切实降低建设成本，以利于优质在线课程更好地推广。

5 展 望

当前，信息技术的快速发展及其与传统教育方式的融合已经对高等教育产生了深刻的影响。2014 年 5 月，全国林业高等院校特色网络课程资源联盟正式成立，同年 12 月，中国林业教育学会教育信息化研究会成立，为凝聚林业系统的教育信息化力量，更好地服务于林业人才培养和教育教学改革创造了有利条件。2016 年 7 月，中共中央办公厅、国务院办公厅印发的《国家信息化发展战略纲要》提出"建立网络环境下开放学习模式，鼓励更多学校应用在线开放课程""吸纳社会力量参与大型开放式网络课程建设，支撑全民学习、终身教育"等一系列重要战略举措，必将为高校的在线教育课程和平台发展带来重大发展机遇。林业高等院校应在《国家信息化发展战略纲要》总体方针的指导下，抓住难得的发展机遇，认清现有教育教学中存在的问题，不断改革创新，为切实提高人才培养的质量、服务国家生态文明建设作出更大贡献。

参 考 文 献

[1] 董治宝. 系统的研究实践的总结——评《实验风沙物理与风沙工程学》. 中国沙漠, 1999, 19 (1): 94-96
[2] 董治宝. 中国风沙物理研究五十年（Ⅰ）. 中国沙漠, 2005, 25 (3): 293-305
[3] 董治宝, 郑晓静. 中国风沙物理研究五十年（Ⅱ）. 中国沙漠, 2005, 25 (6): 795-815
[4] 徐葳, 贾永政, 阿曼多·福克斯, 戴维·帕特森. 从 MOOC 到 SPOC——基于加州大学伯克利分校和清华大学 MOOC 实践的学术对话. 现代远程教育研究, 2014, (4): 13-22
[5] 王永固, 张庆. MOOC: 特征与学习机制. 教育研究, 2014, (9): 112-120, 133
[6] 高地. MOOC 热的冷思考——国际上对 MOOCs 课程教学六大问题的审思. 远程教育杂志, 2014, 2: 39-47

"水土保持规划与设计" 课程教学和实习模式设计

齐 实

(北京林业大学水土保持学院, 北京, 100083)

摘要: 随着 "水土保持规划与设计" 教学学时的变化, 以及 "水土保持规划和设计" 的新的要求, "水土保持规划与设计" 课程教学和实习模式也需要新探索。本文分析了水土保持规划与设计教学中目前存在和忽略的问题, 在此基础上按照新的教学计划要求, 提出 "水土保持规划与设计" 课程的教学和实习模式设计。

关键词: 水土保持规划与设计; 教学; 模式

1 水土保持规划与设计课程的沿革

水土保持规划与设计课程源于 20 世纪 80 年代末, 当时水利部提出以小流域为单元进行水土流失综合治理, 作为小流域综合治理的基础性工作, 小流域综合治理规划被提到了意识日程, 同时大规模的全国农业区划工作的开展, 水土保持是其中的一项重要内容, 北京林业大学是全国农林高等院校中首先开设水土保持专业的院校, 1988 年开始将 "水土保持规划" 作为一门独立的课程开始开设, 1989 年由孙立达教授主持编写了《水土保持规划学》的校内教材。1998 年, 根据教育部高等教育司关于《高等农林教育面向 21 世纪教学内容和课程体系改革计划》项目的要求, 对水土保持专业和沙漠治理专业合并成水土保持与荒漠化防治专业, 把 "流域管理学" 作为主要的专业课程。该课程是在水土保持规划、水土保持信息管理、水土保持经济学, 以及水土保持法律、法规等课程的基础上整合而成的。1999 年王礼先教授主持编写出版了《流域管理学》教材; 2003 年, 随着教学改革的不断深入, 以及国家生态环境建设的需求, 北京林业大学设立了 "生态环境建设规划" 课程, 2006 年由高甲荣和齐实主编出版了《生态环境建设规划》教材。

根据目前我国水土保持生态环境建设对水土保持规划与设计的要求, 北京林业大学在 2007 年新修订的教学计划中, 根据目前水土保持生态环境建设纳入国家基本建设程序后的新要求, 结合目前水土保持的行业需求, 将 "生态环境建设规划" 和 "流域管理学" 等课程内容整合为 "水土保持规划与设计" 课程, 作为水土保持专业的骨干专业课程。

2 "水土保持规划与设计"课程教学存在和忽略的问题

2.1 与生产实际脱轨

目前高校教师基本上都是从学校毕业直接分配到高校参加工作的，缺乏一定的生产实践经验，对水土保持规划与设计的要求了解不够深入，尤其是生产实际中，对该方面的要求时时都在发生变化，这就要求我们在教学中一方面要抓住规划的主要环节，同时还要注重生产实际的具体要求。

2.2 水土保持规划与设计的深度及实践环节的综合性较为薄弱

"水土保持规划与设计"课程要求学生具有较强的综合性，需要了解和掌握水土保持工作的全过程，原"水土保持规划"教学多是以理论教学为主，缺乏实际可行性的验证，规划的深度也往往达不到相应规范的要求。这个需要在实际的实习环节进行弥补，同时也对学生提出了更高的要求。

2.3 小流域规划设计内容与新形势的要求不符

小流域综合治理作为水土保持规划的主体，在目前大多数的规划教学中，学生对小流域的规划设计还是传统的水土保持措施，一般只要求学生掌握实施水土保持措施，做到防治水土流失就可以了，因而在教授学生设计措施的时候往往只考虑到各项措施的最终治理效果达到最佳，并没考虑到各项措施的综合布局会对当地景观造成怎样的影响，同时也忽略水资源的保护。新形势下的水土保持规划与设计教学，不单强调以防治水土流失为第一要务，同时还要兼顾水资源的保护，更要求教育学生兼顾景观要素，从区域环境条件出发，根据水土流失现状及景观特色和优势，提出具有艺术准则及科学原理的水土保持规划设计实施方案，以保障生态安全、水源安全、控制和改善生态脆弱区景观的退化，加强生态系统稳定性，建造适宜人类生存与发展的可持续利用景观模式，同时展示以自然美、生态美为核心的景观及价值。

3 "水土保持规划与设计"课程教学模式的设计

"水土保持规划和设计"课程包括课堂讲授和实习两个教学环节，按照北京林业大学目前的教学安排，课堂教学为 24 学时，实习 0.5 周。学时和实习的时间缩短，给教学带来了很多新的要求，即必须要提高学生在课外的自主学习能力才能掌握本课程的内容。

3.1 课程教学设计

本课程教学内容有 10 章，包括绪论、基础理论和方法、水土保持调查与勘查、综合分析与评价、水土保持区划和防治分区、水土保持规划、水土保持投资与进度、国民经济评价与水土保持效益、水土保持工程设计、信息技术应用[1]。

教学的重点是使学生能够了解和掌握水土保持规划与设计的程序、方法和动态，因此，教学学时安排如下[2]（表 1）。

表 1　课程教学学时分配及安排

教学内容	学时安排
绪论	2
基础理论和方法	2
水土保持调查与勘查	2
综合分析与评价	4
水土保持区划和防治分区	2
水土保持规划	4
水土保持投资与进度	2
国民经济评价与水土保持效益	2
水土保持工程设计	2
信息技术应用	2

各部分的主要要求是：绪论要求从宏观上了解和掌握水土流失的概念、危害及水土保持的概念、内涵和功能，水土保持规划的概念、内容、体系和作用地位，水土保持工程的设计体系、总体要求。基础理论和方法要求从宏观上了解和掌握区划和规划的理论基础、规划的各种方法学。综合调查和勘查要求了解和掌握全国土壤侵蚀普查情况，水土保持综合调查的内容、步骤，以及不同调查内容所采取的调查方法，尤其是土地利用现状，水资源、水土流失与水土保持调查的技术、方法；掌握不同调查数据的整理与处理的方法，在此基础上能完成调查的成果；了解水土保持工程设计勘测的内容和方法。综合分析与评价要求了解和掌握分析和评价的内容及方法。重点掌握各自然资源（土地资源、水资源等）、水土流失和水土保持分析评价内容和方法。了解环境分析、社会经济分析、需求分析、规划目标分析的内容。区划和分区要求了解和掌握水土保持区划的原则、依据、类型。重点掌握水土保持区划的方法以及水土保持重点防治分区标准。规划

要求掌握不同规划、不同内容主要的控制指标和规划要点，各个内容之间的相互关系。投资和进度要求了解和掌握水土保持生态建设项目概预算编制的依据、内容和方法及水土保持实施进度。经济和效益评价要求了解和掌握水土保持效益的分类与指标，效益的计算、监测与评价、国民经济评价的主要指标和评价方法及主要内容。工程设计要求了解和掌握水土保持措施的种类、作用、配置原则和设计要点。尤其是初步设计和施工设计的要求。信息技术应用的要求是了解与水土保持规划相关的不同的计算机软件及其用途。

3.2　实习教学设计

为配合理论课程学习，建立水土保持规划与设计实践教学体系，在内容上既包括了总体规划的全部内容，又包含了不同水土流失类型区的典型流域治理措施设计，在课程实践的设计中，既要反映整体水土保持规划的要求，又要使学生能够掌握和了解初步设计的内容。

根据上述目的，水土保持规划与设计课程实践指导体系涵盖以下内容，即在"水土保持规划"整体要求方面，根据教学重点，设计了"土地利用规划设计指导""流域综合措施体系布局设计指导"和"概预算规划设计指导"；在治理措施设计方面，安排了"坡面水系配套工程设计指导""坡面节水工程设计指导"和"生物–工程护岸措施设计指导"（图1）。

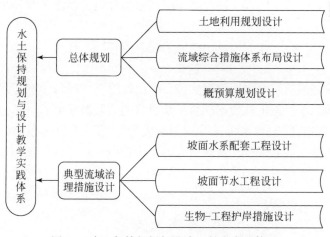

图1　"水土保持规划与设计"教学实践体系

4　几点思考

通过几年的课堂教学和实习实践来看，作为一个综合性和实践性非常强的课程，要提高该课程的教学质量，还需要从以下几个方面进一步探索。

4.1 引入学生主动学习的教学模式

由于教学学时缩短，在课堂上不可能对教学内容的细节面面俱到，只能提纲挈领地讲授重点内容，如果学生不能在课外主动学习和实践，那么就不可能掌握和了解并达到教学目标，因此，需要提高学生在课外学习的主动性。在教学模式上，可以抽出一定的学时，引入新的教学模式，如"翻转式"教学手段，翻转课堂教学实质是把传统的面对面的教学课堂翻转过来，改变传统教学中的师生角色并对课堂时间的使用进行重新规划，让学习者在课外时间完成针对知识点和概念的自主学习，课堂则变成了教师与学生之间互动的场所，主要用于解答疑惑、汇报讨论的一种新型的教学模式。这样有助于进一步提高学生的主动性。

4.2 提供实际教学案例

水土保持规划与设计课程涉及水土保持众多方面的内容，更多是面向水土保持的实际工作内容，而我国幅员广阔，不同的水土流失类型区对水土保持的要求不同，从而规划和措施设计的要求也不同。要提高课程的教学质量，就需要向学生提供一些生产实际的规划和设计案例，把教学上理论和程序化的内容变成可以参考的，具有操作性的内容，使学生可以从模仿开始，逐步了解和深入。

4.3 加强实践环节的要求

实践是最好的学习手段，通过实践，可以使学生实际触摸和了解具体的工作环节和相应的要求，与生产实际接轨，从目前的实践教学来看，这方面还有待于进一步提高，当然仅靠"水土保持规划和设计"课程本身是很难达到的，因为该课程是一个综合性的课程，需要所有的水土保持专业课程都加强实践环节的要求，才能使水土保持专业的学生达到理论和实践的统一，实现把论文写在大地上的目标。

参 考 文 献

[1] 赵辉，王则一，齐实，等．"水土保持规划与设计"课程实践环节设计．水土保持科学，2011，9（4）：50-54
[2] 杨海龙，齐实．水土保持执法与监督课程教学重点和教学方法．中国水土保持，2012，(1)：63-64

农地水土保持教学模式及改革探索

王冬梅

（北京林业大学水土保持学院，北京，100083）

摘要："农地水土保持"是水土保持与荒漠化防治学科的专业课程。在系统分析该课程的学科地位及重要性的基础上，结合课程特色及培养目标，提出了优化教学内容、丰富教学手段、加强教学实践等改革措施保障教学质量，改善教学效果，为培养符合农业可持续发展要求及生态环境建设需要的水土保持专业技术人才打下坚实的基础。

关键词：农地水土保持；教学内容；教学模式

农业是国民经济的基础，随着现代化进程的加快，社会经济飞速发展，农业是其中不可或缺的主要产业，农业的稳定及可持续发展与经济建设息息相关。农业生产对自然环境的依赖性较高，尽管现代农业技术可在一定程度上人为改善环境条件，但阳光、空气、水与土壤等自然资源依然是农业生产的重要影响因素。水土流失会造成农地生产基本要素——土壤与水的流失，破坏农地的生产力，要实现农地的永续经营，农地水土保持是必不可少的重要内容。

中国农地水土保持历史悠久，早在 3000 多年前已出现圳田、区田等水土保持耕作法，东汉时期已开始修筑梯田，20 世纪 30 年代末 40 年代初，水土保持耕作措施的相关试验研究在四川内江和甘肃天水陆续开展，50 年代以来，水土保持科技工作人员在农地水土保持的科研和推广上取得了可喜的进展[1]。在广泛借鉴前人研究成果的基础上，并不断完善农地水土保持相关工作的过程中，由笔者主编的《农地水土保持》一书于 2002 年出版发行，成为研究和实践农地水土保持工作的重要专业指导参考书目。

20 世纪 90 年代初，随着国家对生态文明建设的逐步重视，社会对于水土保持专业人才的需求量也日益增加，水土保持与荒漠化防治作为北京林业大学的优势学科，也增加了相应的教学投入，建立了较为完整的教学课程体系，"农地水土保持"作为专业课被列入水土保持与荒漠化防治本科教学课程计划。该课程从农业生产与水土流失的关系入手，针对不同农业用地的土壤退化类型分析并介绍了相应的防治原理、防治技术等。笔者针对学科教学的实际情况，对"农地水土保持"课程教学模式及其改革进行了探讨。

1 "农地水土保持"课程的地位及重要性

中国自古以来就是农业大国，农业的发展关系着社会的稳定与发展。中国幅员辽阔，土地资源丰富，但耕地少，后备资源不足，耕地质量不高，由于人口众多，人均耕地面积很少，尚不足世界平均水平的一半。随着我国社会经济的发展，人口数量日益增加，对农业生产也提出了更高的要求，迫使自然资源被过度开发利用，加速了土壤侵蚀，引发水土流失等问题，使生态环境日益恶化。水土流失造成农田毁坏，减少农田资源，加速土壤退化，降低土地生产力，是农地减产的主要原因之一，若能妥善解决农地水土流失问题，我国的农业产量会进一步提升，农业生产将步入新时代[2]。

农地水土保持是对有水土流失问题的农耕地进行合理的土地利用，同时采用水土保持技术措施，防治水土流失及养分消耗等土壤退化问题，合理高效地利用包括光、热、水、肥、气在内的有限的农业自然资源，确保土地生产力经久不衰，以获得高效丰富和永续的生产。农地水土保持对农业可持续发展的作用表现在以下五个方面[3]：①通过农地水土保持措施可改良土壤结构，增强土壤入渗能力及保蓄水分能力，有效防止土壤退化，提高土地生产力；②通过建立地表安全排水系统，可有效控制径流，减少洪涝灾害；③通过合理的保育灌溉方法可预防农业自然灾害的发生；④农地水土保持注重省工经营，通过相关技术可有效节约劳动力，提高农业生产效率；⑤有利于同时达成提高农业生产与改善生态环境的双重目标，实现农业的可持续发展。

农地水土保持是一门十分重要的可持续发展农业的科学技术，"农地水土保持"课程对农业生产过程中的水土保持相关内容进行了系统的整理与归纳，在水土保持与荒漠化防治学科核心知识领域占据一席之地。"农地水土保持"是一门综合性较强，与农业生产密切相关的应用类课程，该课程是农业生产实践的需要，是专业特色优势的需要，课程教授内容可直接服务于现代农业生产过程中的水土保持工作，具有重要的生产实践意义。

2 "农地水土保持"课程教学重点内容

"农地水土保持"课程教学大纲主要包括：农地水土保持的概论、农地水土保持的理论基础、水–土壤–作物–大气系统、农业用地土壤退化类型及其防治原理、农地水土保持农艺措施、农地水土保持工程措施、农地水地保护林草措施（农地林业）、坡地农场规划八部分内容[4]。该课程属于应用型学科，在课程体系的构建上以基本理论知识为基础，并进一步对应用技术展开论述，结合专业实践加深学生对重点理论知识点的理解，以达成培养目标。

（1）农地水土保持概论。介绍农地水土保持的定义及其范围，对农地水土保持的重要性展开论述，总结我国农地水土保持的发展历史与现状，学习包括北美洲、澳大利亚、印度等地在内的国外农地水土保持的成就与经验。

（2）农地水土保持的理论基础。介绍了包括农业生态学、生态农业原理、持续发展理论及土地合理利用原理在内的理论基础，结合理论基础，详细阐述了包括气候、地形、土壤、水资源、植被等在内的土地构成要素及其特性调查途径，解析了土地适宜性评价的工作内容、程序及方法。

（3）水–土壤–作物–大气系统。从吸湿水、膜状水、毛管水、重力水四种土壤水分类型入手，介绍了土壤的保水机制，进而阐述了作物对土壤水分的利用，以及作物生产与农业资源的利用。

（4）农业用地土壤退化类型及其防治原理。该部分主要介绍了水蚀、风蚀、土壤盐渍化、土壤污染及土壤干旱五种农用土地退化类型，包括退化成因、机制、退化特征等，在此基础上分析了不同土地退化类型的防治原理及相应的防治措施。

（5）农地水土保持农艺措施。介绍了防治农地水土流失的主要农艺措施，包括水土保持耕作措施、水土保持栽培技术措施、土壤培肥措施、抗旱品种的选育保苗技术措施，详解了各项措施的适用土地类型及主要技术环节。

（6）农地水土保持工程措施。介绍了防治农地水土流失的基本工程措施，包括梯田、山边沟与改良山边沟、农地安全排水工程、坡地节水灌溉与径流农业，阐述了各项措施的基本原理、技术要点、应用条件和使用范围。

（7）农地水土保持林草措施。介绍了农地水土保持林草措施的基本概念，从树种选择和结构原理入手，综合考虑生态学、经济学原理，详细阐述了包括组分结构设计、空间结构设计、时间结构设计在内的结构设计方法，并以黄土区复合农林及坡地农业经营模式为例介绍了具体应用方式。

（8）坡地农场规划。该部分强调对前述理论及实践知识的综合运用，介绍了坡地农场的规划目的、规划原则与方法、作业程序、规划报告书的编写内容及农地水土保持的实施步骤，为学习农地水土保持技术应用实践提供借鉴。

3 "农地水土保持"课程教学模式探讨

3.1 优化教学内容，密切联系实际工作

（1）课程教学突出重点内容，把握课程的重点，合理选取教材内容，对核

心知识进行归纳整合。本门课程是一门多学科交叉的应用型学科，课程体系的构建要综合考虑本学科特色及相近学科特点，结合课程关系和培养目标制订教学计划[5]。本课程在教学过程中对核心内容进行详细讲解，如土地退化类型及防治原理、各类农地水土保持技术措施等。在教学过程中结合农业生产中的实际问题，列举具体案例进行分析，激发学生的学习兴趣，加深对重点理论知识的理解和把握。

（2）补充学科前沿知识。课程在加强农地水土保持既有成熟理论和技术教学的基础上，要及时补充学科前沿内容，根据国内外学者的相关研究动态，介绍学科发展的最新动向，向学生传递最新的农地水土保持技术措施，拓宽知识面。

（3）在教学过程中注重理论联系实际。农地的水土流失形式多样，要尽量摸清不同类型农地的水土流失特征及成因，在教学中能突出重点，讲授不同农地水土保持措施的适用范围和技术要点，将理论与实际农业生产紧密结合。

3.2　丰富教学手段，改善课上教学效果

（1）多媒体教学法。农地水土保持是一门兼具理论性和实践性的应用型课程，在讲授过程中不能仅局限于教材内容，还必须结合实践教学。教学将多媒体技术和传统授课方式相结合，利用图片、影像资料，结合实际案例，将抽象的理论知识可视化、具体化，加深学生对理论知识的深入理解，有针对性地解决实际问题。

（2）互动式教学法。单纯"填鸭式"的灌输式教学信息量过大，学生被动学习，不能及时消化教授内容，容易产生厌烦情绪。互动式教学则让学生参与到教学过程中，积极思考，主动学习，有利于学习效率的提升。课上针对教学内容组织学生进行分组讨论，结合实际农业生产案例，巩固理论学习。此外，课下布置专题汇报任务，学生分组进行自主学习讨论，结合课程教授内容，准备专题汇报并进行课堂展示，借此调动学生主动学习及参与课堂教学的积极性，实现教学的互动性，寓教于乐的同时培养学生的综合素质。

3.3　加强教学实践，实现理论综合运用

（1）课上教学与课后实践相结合。本门课程具有理论与实践相结合的鲜明特点，课后实践更有利于加强学生对于理论知识的理解。教学过程中配合重点理论内容，选取相应的实践基地开展课外实习，把握基本的农地水土保持技术，如农田节水灌溉、农地排水系统等。在实习过程中注重教师讲授与自主学习相结合，提高学生的学习积极性。利用北京市水土保持科技示范园资源优势，拓展教

学实习基地，在强化理论讲授的同时，学生分组调查相关水土保持技术应用并总结；在此基础上自主利用水准仪等测定等高线并完成坡地农场规划，最终形成实习报告，使学生巩固和加深对理论教学的理解，掌握农地水土保持技术措施体系布设及其应用。

（2）通过期末考核加强教学实践。以往的结业考试封闭型题目居多，学生多通过死记硬背来应付期末考核，不能反映学生对知识的把握和理解程度。本门课程结业考试以开放性题目为主，侧重于考查学生对理论知识的理解及综合运用能力，有利于使学生更加系统、全面地理解掌握理论知识，并进行综合运用以解决实际问题，达到学以致用、举一反三的目的。

参 考 文 献

［1］郭廷辅．中国农地水土保持的回顾与展望．福建水土保持，1995，（3）：3-5

［2］田卫堂，Hu W Y，李军，等．我国水土流失现状和防治对策分析．水土保持研究，2008，15（4）：204-209

［3］廖绵濬，王冬梅．农地水土保持是农业持续发展的基础．北京林业大学学报，1997，19（1）：61-66

［4］王冬梅．农地水土保持．北京：中国林业出版社，2002

［5］吴发启．水土保持学科教学体系构建的思考．中国水土保持科学，2006，4（1）：5-9

［6］张琼．知识运用与创新能力培养——基于创新教育理念的大学专业课程变革．高等教育研究，2016，37（3）：62-67

地貌学课程教学模式及改革探索

王　彬，王云琦

（北京林业大学水土保持学院，北京，100083）

摘要： "地貌学"是一门认知性和实践性很强的学科，是高等院校水土保持与荒漠化防治、地理科学等专业的专业基础课程。针对目前存在的课程内容多、教学学时少、教材内容老化、学生学习积极性较差等现实问题，提出将案例教学法、任务驱动教学法和传统教学方法有机结合，建设多元化教学资源和加强实践教学环节等教学改革措施，提高地貌学教学质量和教学效果。

关键词： 地貌学；教学改革；课程建设；教学方法；教学手段

"地貌学"是一门认知性和实践性很强的学科，是高等院校水土保持与荒漠化防治、地理科学、农业资源与环境、土地资源管理及资源环境与城乡规划管理等专业的专业课程或基础必修课程。该课程重点介绍了地貌形成的物质基础、地壳运动与构造地貌、各种外营力作用过程及相应地貌、地貌学与农业生产的关系等内容，是一门涉及时空变异，内容繁杂，理论、应用与实践并重的科学[1]。课程主旨是通过地貌学基础理论知识的学习，使相关专业学生系统、全面地掌握与了解地貌学基本知识、基本理论和基础实践技能，为后续专业课程学习提供必要的知识储备和基础。因此，"地貌学"课程在水土保持与荒漠化防治、地理科学等专业教学中具有特殊地位，并逐渐形成了相对固定的教学体系、教学模式和教学手段[2]。然而，随着社会经济的快速发展及学生结构的不断变化，传统的被动式教学方法已不能满足当前高等教育教学的需求。迫切需要高校教师根据课程特点采用多种教学手段，寻求适宜的教学方法。近年来，国内部分高校针对地貌学课程的特点将多媒体教学与传统教学模式进行结合，通过图文并茂、信息量丰富、生动形象的表现形式取得了较好的教学效果[2-4]。然而，近期的教学实践表明由于现代教育手段在课堂教学中的定位、作用和教学方法配合等方面存在认知和理解偏差，致使"地貌学"课程教学面临新的挑战。合理分析与思考课程理论体系与实践手段、教学方法与教学理念的关系，建立适宜理论性与实践性并重的教学模式，是地貌学课程改革的新要求与新方向。

1　地貌学课程教学存在的问题分析

1.1　教材内容更新滞后

目前各高等院校广泛使用的教材主要有杨景春等主编的《地貌学原理》和严钦尚等主编的《地貌学》等，而主要针对水土保持、水利和农业领域的相关教材则较少，如梁成华主编的《地质与地貌学》和左建主编的《地质地貌学》等。当前我国地貌学相关教材共有十几部，内容体系多由绪论、研究方法、部门地貌学（坡地重力地貌、流水地貌、黄土地貌、岩溶地貌、冰川冻土地貌、海岸地貌和构造地貌等）、应用和灾害地貌等部分组成。这些内容虽较国外现有地质地貌学相关教材更为系统完善，但多为20世纪90年代以前形成的传统地貌学知识和静态描述[5]，较少补充新近取得的地貌学观测调查技术和学科分支的重大研究成果。这也就导致了现有教材仅能在经典理论教学方面帮助学习者较快形成传统理论知识体系，但较少体现目前地貌学在动力驱动、地貌过程与机制方面学科综合化、定量化和系统信息化方面取得的进展，无法满足学生知识体系更新的需求。

地貌学实习是"地貌学"课堂理论教学与野外实践技能相结合的重要环节，是加深和巩固学生理论知识，培养专业技能和野外工作能力的实际需求。目前出版的地貌学实习指导书主要为袁宝印等编著的《地貌学研究方法与实习指南》和郑公望等编写的《地貌学野外实习指导》，但由于地学特有的区域性限制，目前仍没有一本普遍适用的地貌学实习教材。

1.2　教学理念和教学方法有待提高

目前，地貌学教学中还普遍存在"课程本位""知识本位"和"灌输中心教学"等传统的教学观念。主要体现在以下方面：①教学方法单一。强调理论知识的教授与记忆，以教师对重要知识点的讲解和学生的硬性记忆为主，学生学习积极性不高，教学效果较差[2]；②教学手段单调。尽管大多数院校已基本普及使用多媒体教学，但由于教学过程中未能够正确定位多媒体课件的地位、不合理安排和使用PPT，使得课堂教学虽然内容丰富繁多，但过于偏重和依赖于教学内容的演示和讲解，忽略了学生对地貌过程的理解，失去了教师在教学过程中的引导作用；③教学互动缺乏。在教学过程中未能充分调动学生的学习积极性和创造性思维，学生单项信息流接受知识，无法保证较好的教学效果，并难以实现既定的教学目标。

1.3 教学课时有限

《国家中长期教育改革和发展规划纲要（2010—2020 年)》和《普通高等学校本科专业目录》（1998 年 7 月）要求对学科专业结构不断优化，在"基础扎实，知识面宽，能力强，素质高"的高等学校人才培养模式下，水土保持与荒漠化防治、地理科学等专业课程门类增多，而课程学时则被相应地大幅压缩。例如，北京师范大学将原有的"地质学"和"地貌学"课程合并为"地质与地貌学"，总学时压缩为 54 学时；北京林业大学水土保持专业的"地貌学"课时压缩为 32 学时。地貌学课程教学中"内容繁杂、难度偏大、课时紧张"的矛盾日益凸显，如果不能合理安排教学计划将会造成学生无法了解和掌握地貌学核心原理，后续课程的前置知识储备不足等尴尬局面。

1.4 实践教学重视不足

实践教学是地貌学教学中的一个重要组成部分，它不仅是地貌学课堂教学的延续，也是培养学生实践认知能力和野外考察研究能力的一个独立教学环节。实践教学是使抽象的理论知识形象具体化的过程，也是最能调动起学生积极性和学习兴趣的环节。而由于实践课时减少、教学经费受限、实习基地建设落后、配套实习资源缺乏等因素的限制，地貌学实践教学的现状不容乐观。因此，需要教学改革寻求高效开展实践教学的途径。

1.5 课程考核方式不健全

课程考核是教学过程中的一个重要环节，不仅能够考查学生对课程知识的掌握情况，还是教师总结教学经验和改进教学方法的重要途径。传统"客观、量化"的书面考试形式并不利于达到预期的教学目的，反而常常对学生造成一种死记硬背知识点、应付考试的错误导向。因此，如何调动学生学习积极性，形成有效的考核反馈机制是地貌学教学改革中需要考虑的一个问题。

2 课程教学模式改革与创新

2.1 改革教学方法，激发创新能力

针对地貌学课程综合性、应用型和实践性的特点，将案例教学法引入到地貌

学课堂教学中。基于真实的典型案例进行分析、讨论、讲解和反思等环节，使学生主动掌握相关专业知识、理论和技能的教学模式[6,7]。通过与传统教学法、项目教学法和任务驱动教学法等主流教学模式进行对比分析（表1），我们将案例教学法的特点总结为以下几个方面。

1）注重启发教学，"教""学"互动并重

案例教学法较为注重启发性教育，Lang 等认为与传统教学法相比，"苏格拉底式"问答法中的讨论方向及预期目的是由教师预先制定的，具有一定的限定性和过强的确定性；而案例教学法则是通过预先选定的案例，在讨论过程中由学生的群体思考来决定，增强了教学过程中学生的参与程度[7]。讨论过程中教师的角色发生了转变，教师由传统教学的主导者变为引导者，学生、教师和具体案例间的互动成为主导学习讨论方向的关键环节。同时，与项目教学法和任务驱动教学法相比，案例教学法的授课过程具有一定的不确定性，学生可通过主动的案例分析、意见分歧、质疑探索等过程提出自己的观点；而教师则通过参与讨论进行引导，最终通过评价从总体上把握课堂节奏，避免"跑题"和学生"放羊"情况，保证了教学过程的严谨有序。因此，案例教学法能够形成教师与学生、学生与学生间的多向信息交流，培养了学生的逻辑思维能力和解决实际问题的能力，较传统的教学方法对课堂教学效果有了较大的提高。

2）重视反思活动，培养独立思考能力

案例教学法提倡学生在案例分析、问题解决和整体评价等环节中主动开展反思活动。通过学生对案例教学法的逐步适应和了解，教师可进一步指导学生尝试提出与讲授知识点相关的案例并开展讨论；能够帮助学生深入理解可能遇到的不同情境，并思考自己依据所学知识做出判断或抉择的可行性；通过信息推理和知识迁移对自我进行评量，进而达到培养学生自我学习和总结反思的能力[6,8]。

3）教学相长，促进教师教学能力提高

与传统教学法和项目教学法相比较，案例教学法和任务驱动教学法具有对教师教学能力提高的积极影响。它不仅能够培养教师的创新意识和解决实际问题的能力，同时可通过案例教学或任务驱动使知识得到内化，进而促进教师对理论知识的理解和掌握，一定程度上解决了教师在授课过程中教学情境与实际问题脱节的矛盾（表1）。

表1 案例教学法与传统教学法、项目教学法和任务驱动教学法的比较分析

教学模式	理论基础	培养目标侧重点	学生参与程度	缺点
传统教学法	"学与教"理论	传授直接或间接知识，快速形成系统的知识体系	学生参与度低，灌输式教学	缺乏学生创新能力培养，不利于个性培养

教学模式	理论基础	培养目标侧重点	学生参与程度	缺点
项目教学法	建构主义教学理论	培养学生独立分析、解决实际问题的能力，注重学生关键能力培养	项目内容确定、实施等过程均由学生讨论决定	实施周期较长，一般不能在课内完成
任务驱动教学法	建构主义教学理论	通过完成任务发展学生的综合能力，传授新知识与掌握新技能	个体学习为主，教师完成任务的选取、分割与细化工作	教师任务设计工作量较大
案例教学法	建构主义学习理论 信息加工理论 学习迁移理论	通过具体"案例"培养学生主动思考、分析和解决实际问题的能力	学生主动参与、自主学习，教师辅助引导和评价	需根据学生类型进行差异设计，工作量大

2.2 更新教学内容，"教学""科研"相结合

针对现有教材内容相对滞后的不足，教师在备课过程中应根据教学大纲和学科最新发展动态，合理更新相关知识。充分利用网络资源优势补充完善传统课程教材的信息量，并为学生提供备选学习资源（如相关领域学术论著、网络资源等）。

1）结合专题讨论，及时补充学科前沿动向

针对课堂讲授课时的限制和学科发展对学生知识结构的需要，在教学过程中穿插分组讨论环节，在提高学生主动学习的同时丰富教材以外的知识。以水土保持专业课程教学为例，通过筛选教学中的热点难点问题并结合后续专业课前置知识的需求，制定分组讨论主题："灾害地貌发生机理与预警""流水地貌与农业生产的关系""重力地貌与水土保持措施设置"和"气候变化影响下的地貌过程"等。学生通过"查阅文献—分工整理搜集资料—小组讨论—课堂展示—教师点评"等方式，一方面增进学生对教材和学科最新进展的了解，另一方面也为过程考核增加依据（图1）。此环节可在一定程度上解决课堂授课学时紧张的问题，但实施要求较高。不仅需要学生进行自我学习、课前预习，还需要进行小组讨论；同时，要求任课教师充分掌握地貌学相关领域的学科前沿动态，在保证核心内容讲授的前提下，及时更新地貌学相关章节的知识点，以便引导学生介绍地貌学最新研究进展并开阔视野。教师在这个过程中要起到组织、引导、设定讨论题目、点评与总结，以及内容升华与课堂理论知识联系的作用，需要在教学过程中精心设计实施。

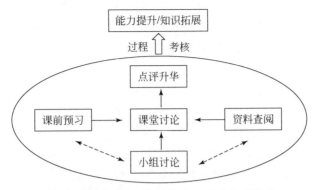

图1 地貌学专题小组讨论学习方法基本模式

2）网络资源筛选与立体化教材实现

随着信息时代的到来，无论是传统的描述性地貌学研究，还是近现代的定量化地貌学研究都积累了丰富的成果，并以教材、图片和影音资料等形式海量存储于网络。如何将地貌学资料高效地转化为网络资源，并有效地服务于课程教学成为课程教学改革面临的问题。由于本科生还没有完全具备网络检索的能力，需要教师预先构建索引体系并建立合适的分级；最终结合教材体系形成可指导学生进行操作的检索工具或推荐资源列表。同时，网络资源使立体化辅助教材成为可能。教师可通过对影音资料和动画资源的整理分类，配合教材理论知识进行生动、形象的立体化信息传输，使学生更容易理解原本枯燥无味的理论知识。

3）开放课程（MOOC）建设与传统教学有机结合

MOOC 是许多高校正在积极推行的新型教学模式，其初衷是实现优质教学资源的网络共享，使学生能够不受时间和地点的限制直接聆听领域内知名学者的授课。MOOC 教学的最大优势主要体现在优质教学资源、开放学习环境和知识点分散学习等方面，适用于具有一定基础知识的学生进行较高层次的引导学习，激发学生创造性思维的能力。但 MOOC 教学也由于缺乏教学互动性、知识系统性和较强的学术讨论性等特点，为还未形成地貌学知识体系的本科学生带来一定的学习困扰，不宜在较短时间内形成较为完善的知识体系。因此，在教学改革中要优势互补，使传统课堂教学与 MOOC 网络教学两种方式有机结合，以课堂教学为主线教学方式，将 MOOC 资源作为"翻转课堂"的组成部分[9]，使学生能够先通过MOOC 教学了解大体知识点，随后带着问题进行课堂学习，将所学知识点系统化，提高学习整体效率。

2.3 加强实践教学环节，寓教于乐

地貌学是一门实践性、应用性很强的课程，培养和提升学生理论联系实际、

野外调查分析、综合分析能力是课程的主要目的之一，也是服务于水土保持、地理科学等后置专业课程的前提要求。实践环节缺失会导致学生难以树立形象具体的地学时空观念，同时由于难以理解课堂教学中的抽象理论知识，致使学生对地貌学知识不能学以致用等现象的出现。针对目前多数高校均存在的实习经费紧张、单科野外实习学时不足等问题，建议从以下方面加强地貌学实践教学的改革：①开发综合实习路线，编写完善实习指导书。以北京林业大学水土保持专业为例，将"地貌学"与"地质学"综合实习合二为一开展为期一周的野外实习，以延庆水土保持教学实习基地为依托，设计涵盖黄土地貌、流水地貌、岩溶地貌、第四纪沉积物、构造运动和穹隆地貌等方面的四条实习路线，实习过程中可以参观房山世界地质公园、延庆硅化木国家地质公园、国家地质博物馆和昌平碓臼峪等。采用旅游式教学的方式，使学生形象、生动地将课本知识与实际地物相对应，增强学生独立思考、野外观察和分析的综合能力。②将数字地貌系统（digital landform system）引入地貌学虚拟实践教学。在野外实习内业准备阶段指导学生通过 GIS 软件完成地形指标要素提取、地形特征提取及三维浏览等实践内容，使学生能够在了解数字地貌的过程中提高野外实践能力。

2.4　课程考核多元化，加强过程考核

成绩考核能够直观量化学生对知识的掌握情况和教师的教学水平，但传统的考试大多关注学生对知识点的记忆程度，容易忽略学生对知识理解和运用的能力。为配合上述教学模式改革需要，且达到通过考核指引学生自我学习的目的，建议降低期末考试所占课程成绩的权重，将期末考试成绩压缩为课程成绩的 $30\% \sim 50\%$，其余分值由平时的分析讨论、过程考核等部分组成，尽量促使学生自觉学习，以达到提高教学质量的目的。

3　结　　语

地貌学是水土保持与荒漠化防治、地理科学等专业的一门重要专业基础课程，课程内容繁杂，且具有较强的实践性与应用性。目前，大多高等院校均面临课程内容多、教学学时少、教材内容老化，以及学生学习积极性不高和动手实践能力不足等问题。根据地貌学自身学科特点，针对目前教学中存在的主要问题，提出在教学模式、教学方法、教学环节和教学考核等方面进行改革，将案例教学法、任务驱动教学法和传统教学方法有机结合，提高学生的学习兴趣，实现教学相长；采用多元化教学资源，并结合 MOOC 教学网络资源将地貌学知识生动化、立体化地传输到学生面前，达到自主性学习的目的；通过加强实践教学环节，巩

固和加深课堂知识的理解，提高学生野外实践和综合分析的能力；最终以多元化考核方式评价学生对地貌学核心知识的掌握程度，进一步保证各项教学改革措施的顺利进行。

参 考 文 献

[1] 杨景春，李有利. 地貌学原理（第二版）. 北京：北京大学出版社，2009

[2] 王云琦. 更新教学手段实现传统课程教学的新发展——谈水土保持专业地貌学课程教学改革. 中国林业教育，2010，28（5）：69-72

[3] 隋振民，王宇，冯军. 多媒体"地质地貌学"课程教学中的常见问题及改革措施. 中国地质教育，2012，（1）：75-78

[4] 王云琦，王玉杰. "地貌学"课程教学改革探讨. 中国林业教育，2013，31（3）：71-75

[5] 付旭东，张桂宾，潘少奇. 地貌学研究趋向与教材内容构建. 测绘科学，2015，40（10）：171-174

[6] 郑金洲. 案例教学指南. 上海：华东师范大学出版社，2000

[7] Richtert A E. Case methods and teacher education：using cases to teach teacher reflection. In：Tabachnich B R，Zeichner K M. Issues and practices in inquiry-oriented teacher education. New York：Falmer Press，1991

[8] 蔺琳. 试论高等数学教学方法改革之案例教学法. 佳木斯教育学院学报，2014，140（6）：212-213

[9] 高抒. 地貌学网络资源与开放课程建设. 中国大学教学，2015，（1）：57-59

流体力学课程教学模式及改革探索——论"开放式-研究性"教学模式在理论与实验教学中的协同实践

张会兰

（北京林业大学水土保持学院，北京，100083）

摘要：流体力学是"水土保持与荒漠化防治"专业本科生的核心专业基础课，为多门核心课程提供理论基础。本文结合流体力学在理论和实验过程中教学方法、课程资源、实验体系、实验室管理、设备利用率等方面存在的问题，基于课程培养目标，以实现水土保持专业个性化人才培养为目的提出"开放式-研究性"相协同的教学模式新思路。"开放式"课堂教学包括对开放式教学内容的合理构建、教学资源整合与合理运用、试题案例库的开放式管理，"研究性"实验教学基于专业特色及科学前沿问题提出实验教学模式体系，即演示实验核心实验、自主创新实验、综合设计性实验与虚拟实验，并针对性地提出不同的考核方式。在此基础上，依托课堂答辩及研究论文形式实现"开放式-研究性"理论授课与实验教学的统一，极大地调动学生的积极性，培养学生分析问题及解决问题的能力，提高其实践与创新能力，培养个性化的水土保持专业人才。

关键词：流体力学；水土保持；开放式-研究性；理论与实验教学；协同实践

当今，国际社会对生态安全的要求不断提高，我国最新颁布的《中华人民共和国水土保持法》（最新修订版）对水土保持这一生态建设课题也有了更高的标准，同时我校本科生教学改革也正在运行实施。作为"水土保持与荒漠化防治"专业本科生的核心专业基础课，"流体力学"课程依据目前社会的需求和学校要求尝试进行相关的改革。

"流体力学"是水土保持与荒漠化防治专业核心基础课程，为多门专业的核心课程，如"土壤侵蚀原理""水土保持工程学""风沙物理"等提供基础理论、基础知识和基本技能，为认识山洪、滑坡、泥石流等自然灾害提供理论基础，为设计淤地坝、谷坊等有关水土保持工程设施提供计算基础，也为人民生命财产及生态安全提供科学保障；同时亦是水土保持注册工程师等资格证书的专业基础课程之一。目前，本科教学改革实施处于初级阶段，"流体力学"课程在教学中仍存在诸多问题，如流体力学具有数学符号多、公式多、推导多的特点，学生掌握有一定难度[1,2]。学生极易形成机械记忆书本公共知识、重复公式推导、套用"标准答案"的现象，普遍存在"力学基础薄弱"现象，缺乏对基础知识的深入理解和对实际应用的主动思考，课堂教学中缺乏开放性探讨及反馈；此外，实验作为课程教学的重要环节，仍停留在以验证性实验为主的阶段，虽锻炼了学生的动手能力，但学生仍习惯于"老师讲解实验步骤、学生实现预定实验结果"的实验教学模式，其深入思考与自主设计能力并未得到提高[3]。

自2015年起，"流体力学"课程探索性开展"开放式课堂探讨"与"研究性实验实践"相结合的教学模式，学生可通过课堂讨论、自主选题、资料查阅、科学设计、实验探索、成果分析整理等过程，深入理解并消化课堂教学内容，自主完成本科毕业论文的设计与撰写，部分学生的试验成果以科技论文形式发表在学术核心期刊，"开放–研究"式教学模式的教学效果得到有效体现。本文在自身的教学实践基础上，对"开放式–研究性"教学模式进行分析和总结。

1   现行教学模式中的不足

1.1   课堂教学中的不足

1）课堂教学方法的不足

流体是"在任何微小剪切力的持续作用下能够连续不断变形的物质"[4]，因此，流体与学生经常接触的固体运动差别较大。另外，流体力学以连续介质假设为基础，以拉格朗日法、欧拉法描述流体的运动特征，推导出来的方程多以微分方程这类的解析方程呈现，与学生之前接触的数值方程区别较大。经典公式的推导过程需要学生较扎实的高等数学、线性代数和工程力学基础，而学生数学和力学基础较为薄弱，其理解及掌握程度不高，影响了教学效果。

传统的课堂教学方式以纸质手稿为主的教学资源和以板书公式推导为主的教学手段，已经无法适应目前的教学需求[5]。这种课堂教学方式相对比较枯燥，难以把抽象的流体力学问题形象地展示在学生们的眼前，学生在听完老师的课堂讲解后，由于对问题没有较为直观的认识，很难提出自己的看法并与老师同学在课堂上交流讨论，对在日常生活的水科学问题及与水土保持专业相关的工程现象缺乏深入的思考，其应用能力无法得到锻炼。

2）教学资源建设的不足

作为多门核心课程的基础理论，流体力学在教学过程中具有较多的后续课程，如水文学、土力学、土壤侵蚀原理、风沙物理学、水土保持工程学及其他相关专业课，这就从应用层面要求学生具备运用流体力学知识解决实际问题的能力；但是，目前的教材、课件、习题等缺乏与前修和后续课程的有机连接，因此，需要从课后习题、考试题库、教学资源等方面基于专业培养体系，建立公开的、完整的教学资源体系。

1.2　实验教学中的不足

1）教学方法体系缺乏创新性培养

面对流体力学实验课程的教学，现今很多高等学校都有一个通病，即所采用的实验教学方法单一。通常采用"教师讲，学生做"的灌输式教学模式，无法激发学生兴趣、开拓思维、培养创新意识和实践能力起到一定的制约[6]。从之前的实验教学效果来看，对实验感到无兴趣及一般兴趣的同学比例远远高出对实验感兴趣的同学比例，表明目前的实验安排未能充分调动学生积极性，这与目前的教学方法体系有一定的关系。

2）实验室管理不够完善

对实验课前的讲解效果及时间安排而言，实验室管理还需要进一步完善，教师需对实验室中实验仪器的运行情况、学生的预习情况、实验时间的有效安排做充分的了解，避免出现预习不足、仪器设备不足及与其他课程冲突等情况的出现。另外，教师在讲解过程中，有时需要辅助教学工具，例如黑板与多媒体，但实验室中的配套设备往往不足，在一定程度上影响教学效果的重要因素。

3）实验设备利用率低

就实验时间与课时而言，学生无法完成全部实验的动手练习，实验时间并不充足，学生思考不够，创新思维无法得到实现。针对此问题，实验室开放管理可解决实验时间短、实验设备利用率低等问题，为学生提供充足的实验环境，最大限度利用现有的实验设备。

2　"开放式"课堂教学模式构建

2.1　教学内容的科学构建

"开放式"课堂教学模式的构建首先应当依照创新能力的培养要求，以构建学生的整体知识结构为出发点，制定结构合理的教学大纲与教学内容；其次，在课堂教学上，对于繁杂的传统经验型公式以及推导公式的计算方法应当进行适当的精炼；再次，结合专业培养方向以及水土保持工程中的实践和应用，需要调整教学内容，简化繁杂的理论公式推导，注重其在水土保持专业中的应用，即涵盖土壤侵蚀、风沙物理、水土保持工程和水土保持注册工程师基础知识测试 4 个主要方面的工程理论指导。

以习题方式回顾数理基础。在传统的流体力学教学内容第一堂课堂讲述流体力学的发展史，介绍流体的各种特性，如流体的黏性、压缩性与膨胀性，进而深入到牛顿黏性定律，这种直接切入主题式的教学方法往往使学生感到吃力。究其原因主要是对数学符号的陌生、难以理解，为解决该问题在开始的课堂之中夯实基础，布置数学的课后习题帮助学生回忆，例如：

$$\frac{\partial x}{\partial t} = cx + t^2$$

求解该微分方程，布置矩阵的乘法运算，以习题的方式帮助学生回忆有关微积分、矩阵运算等流体力学中常用的数学知识。

在课时安排上，针对流体力学在水土保持工程专业的应用需求，要按不同知识点的相关程度进行课时划分。一般来说，流体静力学、流体动力学、流动损失、明渠流等是流体力学的水力学基础理论部分，如堰流（堰的基本形式，特别是薄壁堰的基本方程、挑流消能等在沟道整治工程中的应用）、渗流（渗流模型在沟道蓄水拦沙工程，如土石谷坊体的内部结构及地基中的应用）等基础理论是水土保持专业的学生应掌握的基本力学知识，与水土保持工程专业连接紧密，可以为其今后就业及发展提供理论基础；而无黏性流、黏性流、边界层理论，以及涵盖与气体动力学相关的可压缩流动、黏性流体动力学和两相流动等内容在水土保持专业的应用较少，可相应减少课时。

在课堂教学时，应进一步着眼于所讲知识点在水土保持工程中的应用，并不仅仅讲抽象枯燥的知识点，而是尽可能讲知识点附着在实例的载体上，培养学生解决实践问题的能力。进一步增强学生分析问题的能力，在教学时应该注重课堂上学生之间发散式的开放讨论，同一实际问题的解决可以使用多种方法，每种不同的解决方法又都有其优劣点，通过课堂讨论可以培养学生独立思考问题的能力。要根据实际问题选择所学知识加以解决，而不能机械地用课堂上学习的知识点套用到实际问题中去。同时在课堂教学中鼓励学生提出质疑，找到所学知识方法的局限点，更深入理解每种知识方法，以及他们之间的互相联系和区别。

2.2 教学资源的整合与合理运用

流体力学课程涉及的许多物理现象和概念比较抽象，传统的以纸质教案和板书为主的教学方法一般都是通过单纯的文字来描述这些现象和概念，有些文字晦涩难懂，很难使学生在脑海中形象展现这些现象和概念，十分不利于学生的理解和学习。运用计算机多媒体手段，把抽象的理论具体化、形象化和直观化，采用动画、色彩和音效等效果，使教学信息传递更为明确和简洁。将抽象的知识形象化，通过对学生的形象思维刺激，引导其逻辑思维及理性思维的思考。

增加适量、合理的典型流体运动现象、水保专业其他课程中的典型图片，使得这些现象在同学脑中形成鲜明印象，使用 flash、3DMAX、MAYA 等工具制作成形象而生动的二维或三维动画效果，使抽象复杂的理论过程形象直观化，极大地提高同学的理解能力[7]。通过多媒体演示，化静态授课为动态教学，极大地刺激学生的形象思维，学生的感性认识得到加强，以此为基础启发学生从现象到本质的思考，进而培养学生向逻辑思维及理性思维过度。最后，增加典型工程施工、运行等过程中的录像，以声、电、影等形式全面刺激、极大提高学生由课题知识引发对工程应用的思考，将死板的理论知识具体化、应用化。

2.3 试题及案例库的建设与开放管理

"流体力学"的教学目的更多的是为生产实践服务，而案例教学符合管理科学的实践性、权变性与复杂性特点，可提高学生的实践与应变能力，培养他们的综合应用与团队合作精神。目前，流体力学教学的案例库建设尚比较落后，在一定程度上阻碍教学管理的发展。随着高等教育教学改革的进一步深入和课程建设的逐步完善，对学生掌握课程内容程度的考核以及对学生创新能力和实践能力的案例教学，都必须做到规范化、系统化、科学化、现代化。为了更好地组织和管理学生学习与考核的各项工作，加强学生对课程知识的学习与运用能力并予以客观评价，有必要开发试题和案例库管理系统。

试题与案例库的建设与开发是一项复杂的系统工程，可以分为制定规划、编写提纲、收集素材、入库开发以及数据库维护与管理 5 个环节。由此，建立完善的试题和案例库，并实现向学生的开放管理，使得学生在课后练习和考试测验中得到更全面、更真实的考核，避免了传统的划重点死记硬背的考核模式，而是考核学生处理不同实际问题的真实能力，对于提高流体力学这门课程的开设效果具有重要的意义。

3 "研究性" 实验教学模式构建

针对现有实验室教学模式存在的问题与不足提出新的教学模式，即以教学目的为指导，调整实验内容体系，增加实验方式的多样性，结合有效的考核方式，综合提高实验教学的效果。图1是以实现水土保持专业个性化人才培养为目的的实验教学模式体系。具体包括以下内容。

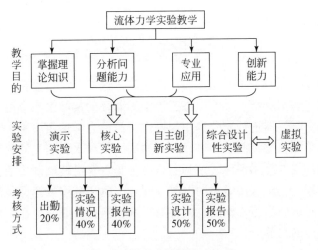

图 1 流体力学教学模式体系

依照实验学时要求，以最大限度培养学生对基础知识的理解能力、对实验操作的动手能力、对具体问题的创新能力为目标，实现现有实验方式的再分类，满足学生创新能力的需求，其实验模式主要包括以下4个。

3.1 演示实验

实验演示2个课时。该课程的目的是让学生对流体力学实验有一个总体的印象和了解。教师从实验的目的及原理着手逐步介绍每一个实验，教师操作雷诺实验、明渠水流实验、孔口这3个演示性实验，揭示出现的现象的原因，结合相应的方程让学生对实验现象有充分的理解。

3.2 核心实验

恒定总流伯努利方程综合性实验学生自主操作2个课时。伯努利方程作为流体力学三大方程之一的伯努利方程，其应用条件和方程验证是每一个接触流体力学的人必须掌握的知识。方程的形式如下：

$$H_1 + \frac{P_1}{\gamma} + \frac{\alpha_1 V_1^2}{2g} = H_2 + \frac{P_2}{\gamma} + \frac{\alpha_2 V_2^2}{2g} + H_w$$

学生对上述公式的深刻理解有助于流体力学静力学、动力学和流动过程中能量损失等章节的学习，更能加深理解堰流章节各种堰的理论公式推导的理解，不至于茫然。再者，熟悉其应用条件，对于今后水土保持科研和水土保持工程设计有较大帮助。

3.3 自主创新实验

必做实验2个课时。主要是达西渗流实验，这与专业特色密切相关，在水土保持原理与水文和水资源、林业生态工程学等课程的实习中都会用到土壤入渗的概念，对相关实验仪器进行充分利用与操作。流体力学达西渗流实验的目的是测量样砂的渗透系数；通过测量透过砂土的渗流流量和水头损失的关系验证达西定律；掌握达西公式的应用条件。该套实验设备是由有机玻璃制造的，可以清晰地看清入渗的过程，了解入渗锋面的情况。同时，也能利用该套设备测量目标土壤的渗透系数。对达西渗流实验的掌握有助于水土保持专业学生在以后专业课中的学习和科研能力的培养。

3.4 虚 拟 实 验

由于存在实验设备比较短缺、实验室开放时间有限的条件限制，在传统实验的基础上，结合计算机辅助教学 CAI（computer aided instruction），将实验原理、方法应用在虚拟实验仪器和实验环境中，由于实验的简便性，可为学生留下充分的思考与分析时间，学生在做虚拟实验中遇到难以解决的问题时，可以亲自去实验室进行实际验证，进一步探索。同时这种方便快捷的实验形式也可以激起学生的实验兴趣，有助于实验教学的开展。

4 "开放式–研究性"课堂与实验教学的协同实践

综上所述，"开放式"教学的目的是在平时的教学过程中，教师结合本专业实习实践的相关知识点，讲述相关流体力学知识的应用，并以课堂讨论的形式要求学生进行"开放式"思考，探讨更多的知识点形成应用于实际工程中的案例，以激发学生的发散思维，并加强知识点的理解。"研究式"教学的目的更多侧重于锻炼学生将理论知识结合专业特点并实际操作动手的能力，"实践是检验科学的唯一真理"，通过实际的实验反过来会加深学生对该问题的理解。

按部就班的学习模式并不能很好地培养学生的创新能力，针对具体问题采取能够达到目的的手段方式更好地激发学生理解问题、解决问题的潜力。老师通过引导学生提出在水土保持工作中的实际问题，学生分析问题进而进行实验设计，可利用我校流体力学实验室的实验设备来解决不同的问题。我校实验室的实验设备可解决不同的实际问题，例如，利用明渠水流试验可以设计出不同模型水流形态的变化；改造沿程水头损失实验可以设计不同水质或者不同温度下沿程水头损失的变化；利用静水力学装置测量未知液体的密度。总之，每一套实验都可以融入自己的想法，探讨科学问题。如图 2 所示是"开放式-研究性"教学与实验教学的流程。学生可在实验课之前，根据教科书上及自己感兴趣的问题，着手设计解决该套实验的方案，在该套方案的设计过程中，老师可为学生提供专业的意见，帮助其解决问题。根据方案的设计进行实验处理相关数据，得出结论，若该结论不能解决问题或者有所偏差，可以修改实验方案再次实验验证，直到实现实验目的为止。实验方案与实际的设计又可作为评定该实验成绩的依据。

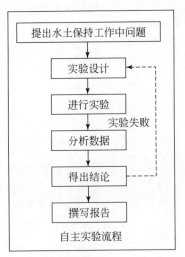

图 2 "开放式-研究性"实验流程

"开放式-研究性"教学模式将理论授课与实验教学相统一。除了传统的课堂教学和实验操作，更加重视学生之间的探索和讨论。在理论授课与实验探索结束后，组织各实验小组之间深入开展自由式、研究性的讨论（实验论文的演讲与答辩）。老师将根据科学问题分析、实验设计、实验论文写作水平和课堂答辩的结果给予综合评分。由此，学生通过选题、调研、论证、研究、交流、总结、答辩、成果展示/发表等过程，自主探究、自主发现、自主解决问题，提高科学思维训练和实践能力，由于在讨论过程中，学生对于本课程知识的实际应用有了更加深入的了解，因此，可以尽早地进入专业学科前沿，接触和了解学科的发展动态，综合培养学生的创新精神和创新能力。

参 考 文 献

[1] 徐正坦，陈鲲，马立艳. 创新《流体力学》课程教学探索. 福建工程学院学报，2008，6 (5)：487-489

[2] 张会兰，王云琦，王玉杰. 水土保持专业"流体力学"课程优质教学资源的建设. 中国林业教育，2015，33 (2)：55-58

[3] 祝会兵，戴文琰，李建. 工程流体力学实验教学的改革与创新. 宁波大学学报（教育科学版），2008，30 (2)：107-109

[4] 林建忠，阮晓东，陈邦国，等. 流体力学. 北京：清华大学出版社，2005

[5] 向文英，程光均. 流体力学教学与实验创新. 重庆大学学报（社会科学版），2003，9 (6)：210-211

[6] 梁延鹏，曾鸿鹄，李艳红. 基于实践能力培养的流体力学实验教学改革. 当代教育理论与实践，2012，4 (11)：155-157

[7] 邹惠芬，张培红，叶盛. 流体力学多媒体教学的探讨. 沈阳建筑大学学报（社会科学版），2008，10 (4)：507-509

面向行业应用的 ArcGIS 实践教学探索①

姜群鸥，吴秀芹

（北京林业大学水土保持学院，北京，100083）

摘要：根据 ArcGIS 实践课程的特点和面向社会对专业技术人才的需求，提出了基于 ArcGIS 面向行业应用的 ArcGIS 实践课程的教学改革方法，对课程的实践教学内容、考核方式进行了探索研究，并提出了 ArcGIS 行业应用的实践教学案例，以期对面向社会需求的 GIS 专业技术人才的培养起到参考作用。

关键词：行业应用；ArcGIS；实践教学

地理信息系统（GIS）是 20 世纪 60 年代新兴的一门集地理学、计算机、遥感技术和地图学于一体的边缘学科，近 30 年来取得了惊人的发展，它以强大的数据获取、数据管理、空间数据统计、空间分析、多要素综合分析和实时动态监测能力，广泛应用于城市、区域、资源、环境、交通、人口、住房、土地、灾害、基础设施和规划管理等多个领域[1-3]。

近年来，高校开设 GIS 课程的专业在不断增加，如水土保持与荒漠化防治、水资源管理、地理科学、自然地理与资源环境、人文地理与城乡规划、交通工程、城乡规划专业等，对该课程的教学提出了更高的要求[4-6]。作为一门重要的专业基础实践课程，怎样针对专业应用特点，合理组织和实施课程实践教学环节，在学生领会掌握 GIS 课程基本概念理论的基础上，加强培养学生应用 GIS 技术解决专业实际问题的能力[7-10]。

本文以实施面向行业应用的教学模式为背景，将 GIS 课程实践教学与 ArcGIS 软件强大的地学空间分析功能模块联系起来，把教学实践环节以"行业应用"的形式引入课堂教学之中，加强学生专业应用技能的培养。

1 课程特点

GIS 实践课是地理学相关专业的必修课，空间数据和空间分析的迅速发展让

---

① 资助项目：本研究受北京林业大学 2015 年研究生课程建设项目（资助编号：HXKC15039）和北京林业大学"本科教学工程"项目"资源环境遥感——遥感在土地资源管理中的应用"资助。

地理学科研工作者意识到 GIS 实践课的重要性，陆续将其作为必修内容。ArcGIS 软件是美国环境系统研究所（Environmental System Research Institute，ESRI）最新推出的为企业构建地理信息系统的综合 GIS 软件平台，是目前世界范围内被各行业广泛应用的 GIS 软件之一，是一个全面的、完善的、可伸缩的 GIS 软件平台。ArcGIS 软件是在工业标准上的完整的 GIS 软件产品体系，不仅易学易用，而且功能强大。它除了具有地图生产、高级特征构建工具、动态投影、将矢量和栅格数据存储在数据库管理系统中等基本特征外，互联网技术的应用还使 ArcGIS 拥有了许多绝无仅有的特性。因此，ArcGIS 实践课成为地理学相关专业的必修课，也是地理学相关专业重要的实践能力培养课。

目前，很多专业将"ArcGIS 实践课"课程作为一门独立课程，或者作为"GIS 理论与应用"的实践课部分，基本与理论部分占有相同比例的学时，也足见"ArcGIS 实践课"的重要性。该课程主要侧重于 ArcGIS 的主要操作和分析功能，开设的目的是为了通过"ArcGIS 实验"课程的上机学习，使学生熟练掌握 ArcMap 的基本操作和应用，加深理解 GIS 基本理论、核心技术，掌握 GIS 图形输入、编辑、数据库建立、空间分析、地学分析、统计分析、专题图制作、制图输出等基本应用技能，结合自然地理与资源环境等专业应用的方向和特点，为 GIS 在该专业中的应用打下坚实的基础。

2　课程存在问题

2.1　实践重要性认识不够

对于"GIS 理论与应用"课程，理论与实践同样重要，但是由于越来越多的学生走考研的道路或迫于期末考试的压力，实践课除了课上实践，还往往需要课下多加练习和思考，才能使实践能力得到真正的提高，因此，学生更加注重理论的学习，对实践的重要性认识不够。另外，传统的实践教学，目的往往局限于验证学生的理论知识是否掌握。随着对实践教学的深入探索和社会对人才需求的变化，逐渐意识到实践教学对学生的行业应用、自行设计和综合创新等能力的培养也是高等教育的重要责任之一。

2.2　重操作轻理解

在当前 ArcGIS 实践教学中主要采取以教师为中心的模式，教师只注重程序化训练，制定详细的指导方案并进行演示，学生按照指导方案完成实验，不能发挥学生的主动性。该实践教学方法忽视了学生的主体作用，不利于学生创新性的培养。在整个教学过程中学生处于一种盲目被动接受的状态，知其然而不知其所以然，不知晓这些技术以后可以应用到什么领域，在不同领域应用中所选参数项的区别，从而产生学习上的困惑，也不能让学生灵活地应用到未来不同的行业中，从而打消了学习的主动性、兴趣性、积极性。

2.3　实践内容与行业应用脱节

GIS 在基础理论、技术手段等方面发展迅速，应用领域也越来越广泛。实践教学内容要根据当前发展的需求不断更新，紧跟时代的步伐。大部分高校虽然开设了 ArcGIS 实践课，但是当前很多教师在上实践课时用着同一本实验教学指导书，使用老的实验案例，采用一成不变的方法，教授一成不变的实验内容，这与GIS 的特点是相违背的。另外，缺少与校外实践和行业应用项目相结合，学生们很难产生对解决现实问题的思考，从而导致学生在需要利用 GIS 技术解决自然环境保护、资源合理利用、水土保持等相关问题时往往不知采用哪种 GIS 方法进行分析才能有效解决所碰到的实际问题。实践内容与行业应用的脱节让学生丧失了学习该门课的热情和兴趣。

3　面向行业应用的实践创新与改革

随着 GIS 技术的发展和广泛应用，"ArcGIS 实践课"的教学内容也要随着行业应用进行适当调整或者扩展，教学方法和教学手段也要与时俱进。针对"ArcGIS 实践课"的技术性强、应用面广、缺少与行业应用对接的项目实践环节等问题，拟从以下几个方面进行改革与探索。

3.1　拓展教学内容、加强与行业应用的对接

将多个行业应用技术引入实践教学，拓展、优化实践教学内容，改革实践教学模式是提高实验教学质量和培养创新型人才的有效途径。使"ArcGIS 实践课"的实践内容与社会行业应用的发展有机结合，紧扣社会和时代发展的脉搏，将现代科技融入 ArcGIS 技术实践，激励学生参加行业应用项目，强化学生的创新意识。改进实践教学方法和管理模式，以教师的科研水平和指导为依托，将科学研究和行业应用项目逐步渗入"ArcGIS 实践课"的实践教学，从而进一步提高学生相关实践技能和分析方法，培养学生严谨的科学态度和团队合作精神。

面向行业应用的"ArcGIS 实践课程"设置的专题包括数据采集与转换、投

影的设置与转换、矢量数据分析（叠加分析、缓冲区分析、网络分析）、栅格数据分析（距离分析、表面分析、水文分析）、DEM 分析、空间统计分析、专题地图制图等基本内容。每个行业专题都是完整的，可以解决实际问题，便于学生对于各项技术主要功能的理解。虽然部分内容有重复，但是不同行业的参数选择也不尽相同，这也有利于对这部分技术的巩固以及对参数意义的掌握。在教学实践中，结合学院的特点，设计了以下实践教学专题（表1）。

表1 面向行业应用的 ArcGIS 实践内容

编号	面向行业应用	所涵盖的实践内容
1	土地利用变化分析与制图	叠加分析，栅格计算，重分类、专题制图
2	水土保持规划	矢量化、叠加分析、缓冲区分析、DEM 挖填量算
3	服务业的选址	缓冲区分析、网络分析、叠加分析
4	气候变化的空间分析	文本坐标转空间点，投影，插值，叠加分析
5	流域的划分	表面分析、水文分析
6	流域内植被、地形特征分析	空间统计分析

3.2 强化优势学科行业的应用

很多学校的 GIS 专业是依托其原有的优势学科发展起来的，例如，武汉大学是以测绘为依托发展起来的，中南大学等是以地质专业为依托发展起来的，北京林业大学是以水土保持与荒漠化防治和林学为依托发展起来的。对 ArcGIS 实践课程的设置，要充分发挥各个学校的优势学科，将优势学科的核心课程和 ArcGIS 实践课的教学内容有机地融合在一起，建立起一个既有专业特色，又能体现优势学科专长的人才培养机制。结合北京林业大学水土保持与荒漠化专业的优势，ArcGIS 实践课设计的专题也紧密围绕该专题，如水土保持规划、流域划分、流域内植被、地形特征分析、土地利用变化分析与制图等。既提高了 ArcGIS 软件使用的技术水平，又强化了优势学科的应用。

3.3 面向行业应用的开放式作业设置

对于 ArcGIS 上机实践课的考核，大部分高校是针对实践课内容撰写实习报告，这只是对实践内容的复习和巩固，并没有对实习内容的行业应用有进一步的拓展和提高。开放式作业可以激发学生的自主思考，加强学生创新能力的培养，并且有利于提高学生对各种 ArcGIS 软件技术的灵活应用能力（表2）。首先，收集 GIS 各个行业应用的地图，主要以图片格式为主。其次，让学生基于收集的地图，充分发挥想象力，利用 ArcGIS 软件的各项技术，针对某个主题进行数据的采集、多种空间分析，如缓冲区分析、网络分析、空间统计分析等，以及专题图的制作。最后，将分析的结果撰写成某一主题的研究型论文。这种开放式作业可能工作量相对较大，可以将学生进行分组，每组完成一个主题。既可以提高学生的实践能力，也有助于培养学生的协作能力。基于学院的特点，选择的开放式作业主要有以下主题。

表2　面向行业应用的 ArcGIS 实践内容

编号	开放式作业主题
1	中国土壤侵蚀评价及影响因素分析（提供数据：土地利用、坡度，土壤侵蚀图斑等）
2	中国化石燃料资源的空间分布及成因分析（石油、煤、天然气分布图及成因要素）
3	中国经济植物分布影响因素分析研究（糖料作物、蚕业、橡胶等分布，影响因子）
4	中国各种自然灾害的空间分布规律（滑坡、泥石流、冻害、冰雹等）

4　结　论

设计面向行业应用的 ArcGIS 实践内容，使学生利用 ArcGIS 软件，学习其功能强大的空间分析与统计功能，提高学生自主思考能力和对各种技术的灵活运用能力，设计实施的面向行业应用的实践教学思路已经应用于 ArcGIS 实践课程的实践教学中，教学效果显著。面向行业应用的实践教学模式深受学生欢迎，激发了学生学习的积极性和热情，并且加深了对 ArcGIS 软件基本技能的掌握。通过开放式作业的练习，也锻炼了学生规范撰写研究报告或研究论文的能力，为后续的毕业论文撰写打下良好的基础。

参 考 文 献

[1] 张慧，宋戈，袁兆华，等. 面向资源环境与城乡规划管理专业的 GIS 实验教学的探讨. 继续教育研究，2007，(6)：136-137
[2] 吉云松. 认知规律在 GIS 实验教学中的应用. 高校实验室工作研究，2008，(9)：36-39
[3] 黄杏元，马劲松，汤勤. 地理信息系统概论（第2版）. 北京：高等教育出版社，2001
[4] 刘学锋，陈波，何贞铭，等. 地理信息系统专业实践教学规划与设计. 地理空间信息，2004，(6)：44-46
[5] 许捍卫，张友静. 论 GIS 专业的实践教学体系构建. 测绘通报，2005，(3)：62-65
[6] Kang-tsungChang. 地理信息系统导论. 北京：科学出版社，2003
[7] 张超. 地理信息系统实习教程. 北京：高等教育出版社，2002
[8] 沈沛汝，李仰军. 建立实践教学体系深化实验教学内容改革. 实验室科学，2007，(3)：11-13

［9］刘丹丹，王延亮．地理信息系统专业实践教学内容改革的研究．测绘工程，2008，（8）：74-76

［10］田雨，韩作振．基于 ARCGIS 面向专题应用的 GIS 课程实践教学．实验室研究与探索，2008，27（9）：46-49

土地资源学课程教学改革探讨

田　赟，王冬梅

（北京林业大学水土保持学院，北京，100083）

摘要：通过对北京林业大学水土保持与荒漠化防治专业土地资源课程进行研究与探讨，提出土地资源课程教学在教学内容、教学方法、具体措施和考核方式等方面进行改革。同时，从注重学生的实践创新能力的角度出发，引入实践教学方案，有助于激发学生的学习兴趣和扩展知识面，加强学生对知识点的理解和对一线生产实践脉搏的感知，提高课程的教学质量，为水土保持专业其他课程学习打下坚实的理论基础，帮助学生建立全局观念和增强国土资源忧患意识，最终实现水土保持复合型人才的培养。

关键词：土地资源学；水土保持专业；教学内容；教学方法

北京林业大学水土保持与荒漠化防治专业是一个多学科综合和交叉性的学科，研究领域主要包括水土流失机理与过程调控、植被恢复、防护林体系空间配置与林分结构优化、荒漠化发生过程及防治技术、开发建设项目生态环境保护与工程绿化技术等。其主要任务是解决我国对水土资源保护、改良和合理利用所提出的关键理论与技术问题，培养在生态环境建设、生态安全和水土资源开发与保护等方面的复合型、应用型人才。随着我国经济的飞速发展，人类在土地资源的开发利用中产生了日渐严重的土地次生盐渍化、水土流失、沙化与石漠化、土地肥力贫瘠化、土地及其环境的污染、速度过快的耕地非农化等一系列土地资源问题，而人口过快增长对土地的巨大压力更使得土地负荷累累。特殊的人地关系和日益严重的土地资源问题使得土地资源利用、管理和相关政策在国家宏观调控和生态环境可持续发展中的地位和作用越来越重要。

1　课程介绍

"土地资源学"作为水土保持与荒漠化防治专业的本科专业基础课和选修课程，从地理学、土壤学、气象学、植物学等不同角度探索资源合理利用的有效措施和途径，从而形成综合的知识体系，该课程共计 32 个学时。通过此课程的学习，可以系统了解何为土地，何为资源及土地资源的组成、特性、分类、数量、质量、空间分异与时间变异规律，如何合理、有效地进行土地管理工作，进行合理的开发、利用和保护土地，以更好地解决日益严峻的土地资源问题，实现土地资源合理利用，为后继相关课程学习和知识面拓展奠定必要的土地资源基础[1,2]。由于本课程内容涉及面广，应用性强，具有较强的关联性和逻辑性，但是如此庞杂的知识点往往会导致学生对于学习内容的不理解。因此，在课程教学过程中加强学生课堂参与，培养学生分析问题和研究问题的能力，有助于学生对于知识点的理解和前后贯通，且可以根据学生对知识点和教学内容的及时反馈，让学生更多地参与课程"教与学"的过程，提高学生对知识的掌握和应用能力。在课程教学过程中，以教材为主，重点抓理论基础；以课堂教学与课堂讨论相结合；以相关著作、文章为辅，培养学生分析问题、研究问题的能力，扩充知识面。

2 教学内容

本课程所使用的教材以北京师范大学出版社陈百明主编的《土地资源学》为主，辅助教材有中国农业大学出版社刘黎明主编的《土地资源学》（第4版），科学出版社梁学庆主编的《土地资源学》，中国农业出版社王秋兵主编的《土地资源学》和陆红生主编的《土地资源管理学总论》。课程内容分为10个章节，分别为：①绪论；②土地资源的自然构成要素；③土地资源的社会经济构成要素；④土地资源调查与制图；⑤土地资源的类型、形成与发展；⑥土地资源评价；⑦土地资源生态与功能；⑧土地资源利用与规划；⑨土地资源的开发与保护；⑩国内外土地资源概况。结合水土保持专业的特点和学生的培养要求，对课程内容进行了相应的分类改革。

2.1 基础理论部分

本专业学生前期主要学习了水土保持学、地貌学、气象学、土壤学等方面的知识。因此，在教学内容上，重点对土地资源的基础理论、土地资源的利用与保护进行重点讲解，让学生具备土地资源相关的理论基础与素养。在教学过程中，不仅参考了相关学者的大量教材和书刊，同时结合水土保持专业的特点及本学科的前沿发展动态等内容，及时总结并补充到课堂教学内容中。以第九章土地资源的开发与保护为例，除了以相关土地利用、土地退化及生态安全等基本概念进行教学外，针对本专业特点，加入水土流失防治、荒漠化土地防治、盐碱地综合治理、土地污染与防治等相关专业知识点，与土地资源调查与评价、土地资源开发利用等相关理论进行融会贯通，使理论与实践相结合。

2.2 实践教学部分

"土地资源学"是一门实践性很强的学科,其理论基础及研究结果都来源于实践[3]。因此,在本课程学习过程中,从注重学生的实践创新能力的角度出发,加强学生的实践应用水平尤为重要[4,5]。根据专业方向和课程特点,可以设置3个实习内容:①土地利用现状调查。可以在野外选取一块典型样地,利用软件截取该样地的遥感影像图,首先让学生进行室内解译与地类的判读,然后到实地进行调查、核实,编绘土地利用现状图,撰写土地利用现状调查报告。②土地评价方法。结合第一次的实习内容,让学生自己选择评价目的、评价指标体系、评价方法,进行土地利用的评价,从而掌握土地评价的基本方法与应用。③土地退化调查。作为水土保持专业的学生,不应只是学习书本上的理论知识和现象,还必须了解现实中的土地退化现状,并提出有效的防治保护措施。围绕目前水土流失严重、土地污染面积扩大等情况开展实地调查。使学生能够理论联系实际,用所学的专业知识去理解和解释现实中的实际问题。

3 教学方法

3.1 引导式教学

通过日常生活中所看到的现象、照片或者切身体会来引导学生进行枯燥理论的学习与理解[4]。例如,在土地资源构成要素分析中,以南坡、北坡植被生长的状况为例来说明地形特点对土地资源利用的影响;有关土地利用变化对水资源的影响,以科尔沁沙地章古台地区为例,不但有助于学生理解合理利用土地资源的必要性,同时还能提高学生节约用水的意识;在土地资源的演替过程中,以学生自己的切身感受来说出自己家乡土地资源的变化等。这样不仅提高了学生的学习兴趣,也能够让学生从专业角度对近年来资源环境领域出现的问题进行分析与反思。

3.2 探究式教学

在授课过程中将某一区域土地资源利用真实问题引入课堂,加深学生对土地资源利用和保护相关技术在案例中的知识应用,开拓学生的创新和思维模式,培养学生的创新能力以符合社会对人才的需求。同时增强学生的创新思维、文献收集、整理的能力，培养学生分析问题、解决问题的能力。通过该案例分析，学生最终寻找解决问题的理论、方法和途径，并提出方案和建议。通过该教学方法后，显著提高学生的学习和决策能力。

3.3　逆向实践教学

采用逆向教学的方式指导学生在室外边练边讲，让学生带着练习中遇到的问题听原理，再将原理知识用于练习中，使书本上的概念从抽象变为具体，提高学生的兴趣和积极性[6]。在教授土地资源调查中遥感调查一章时可采用这一模式，在教学过程中可携带相关的遥感图像、地形图、规划图等资料，在样地边讲解边指导学生进行操作。在指导操作过程中，结合自己的遥感判读经验引导学生回顾以前学过的遥感图像判读的知识，需重点强调在调查过程中所运用的方法和应注意的事项，以及后续的精度验证方法和程序等。通过这一学习方法可以调动学生的学习兴趣和积极性，让学生能够积极探索更深层次的信息，使教学过程中理论和实践的结合更加紧密。

4　教学具体措施

4.1　案例分析

案例教学是理论联系实践的桥梁，充分运用实际案例，让学生去发挥主观能动性，来认识和理解书本知识，并通过课堂讨论的方式提高学生的参与性，并积极进行分析讨论。在土地退化类型中，以水土流失为例，阐述水土流失产生的原因、类型及造成的严重土地退化问题，并结合自己的科研项目与实地调研，提出有效的水土保持治理措施与方案。通过这一方式，使学生在掌握教学内容的同时，能够与实际情况紧密结合，有利于学生对知识点的深刻认识和理解，提高学生分析问题和解决问题的能力。

4.2　专题报告

随着社会经济与城市化的飞速发展，土地利用政策与管理方式也随之发生变化。通过专题讲座的方式可使学生深入理解土地资源利用过程中的各种博弈关系，以及未来土地利用政策与发展方向。例如，由学生自己分组去实地调查，然后以专题汇报的形式在课堂上进行讲解，其他学生对汇报内容进行提问并展开讨论。这种方式不仅可以提高学生学习专业知识的深度和广度，还能调动学生学习的积极性，激发学生的创新能力[7]。

4.3　课堂讨论

讨论式教学法是一种有助于学生提高综合思维能力的教学方式，具有任务的适切性、能力培养的多元性、学生参与的自主性、过程体现合作性、蕴含教育性等基本特征，旨在为学生提供自学、分析和讨论问题的机会。在"土地资源学"教学过程中，教师可以从明确讨论的目的、优化讨论的话题、合理设计讨论的形式、选择讨论的最佳时机、营造良好的课堂讨论氛围、加强组织调控、及时并恰当地反馈评价等方面对课堂讨论进行优化设计。该方法适用于学生已基本掌握土地资源学基本概念和原理的阶段，通常在土地资源学课程的后半部分章节的教学中应用。在课堂讨论实施过程中还要体现以学生为主体，激励性、知识与能力并重等原则。例如，针对土地污染与防治这一部分内容，让学生成立小组，针对自己感兴趣或熟悉的区域，查阅相关文献并加以总结归纳，在课堂上进行讨论，如某一区域土地污染的现状、退化的主要原因以及防治的措施等，通过讨论，学生不但能加深对这部分内容的理解，而且能增强保护土地资源的意识。

4.4　考核方式

为了改善以往单纯卷面成绩为唯一考核标准的方式，达到良好的教学目标与效果，可将本课程的考核方式分为3个方面，其中：①课程理论部分的考核，卷面成绩占70%，主要目的是检测学生对理论基础知识的掌握程度，采取闭卷考试；②平时成绩考核，占总成绩的20%，主要包括学生在课堂上讨论、专题汇报和回答问题等，这一方式有助于学生多参与课堂，提高学生发现问题、提出问题和解决问题的能力，促进学生的能动性和积极性；③实践能力考核，根据学生在实践教学环节中的表现和实习作业完成情况进行打分，主要考核学生理论与实践的结合能力，有助于知识的巩固和拓展，占总成绩的10%。这一考核方式有助于激发学生的学习兴趣，提高学生的自主学习能力，让学生更多地参与课堂教育，使理论与实践紧密相连，为学生全面提高综合素质和能力提供正效应。

5　小　结

"土地资源学"是我校水土保持专业的一门专业基础课程，为使学生更好地理解和掌握土地资源方面的基础理论与实践应用能力，必须进行教学内容、教学方法与考核方式等方面的改革。通过改革，丰富教学内容、创新教学方法、调整考核方式，以此来提高学生学习的积极性、参与性、分析解决问题的能动性和创新性，扩展学生的知识面，全面提升学生综合的专业素养和创新能力；同时，也让学生在学习知识的同时建立全局观念，了解我国土地资源现状，增强国土资源忧患意识。

参 考 文 献

［1］陈百明．土地资源学．北京：北京师范大学出版社，2008

［2］王秋兵．土地资源学（第二版）．北京：中国农业出版社，2011

［3］黄勤，吴克宁．土地资源管理专业本科生实践教学探讨．中国地质教育，2005，3：75-78

［4］王秀丽．农林经济管理专业《土地资源学》教学改革探讨．教育教学论坛，2016，26：109-110

［5］阿依夏木·沙吾尔，贾宏涛，武红旗．"土地资源学"实践教学体系建立．中国地质教育，2009，2：130-132

［6］张慧霞．土地资源学课程教学策略探究．教学园地，2009，5（下旬刊）：103，105

［7］张琼．知识运用与创新能力培养——基于创新教育理念的大学专业课程变革．高等教育研究，2016，37（3）：62-67

"水文与水资源学" 课程教学模式及改革探索

马　岚　张建军

（北京林业大学水土保持学院，北京，100083）

摘要："水文与水资源学"课程具有涉及的相关知识多、概念抽象、实践性强等普遍特点，同时针对不同的专业，在教学中还具有其诸多自身特点。因此，教师应从这些特点出发，积极对课程进行改革，注重知识的应用性，加强实践环节，精心设计教学内容，有针对性地对教学内容进行适当取舍，并借助现代多媒体技术等手段努力改进教学方法，形成适用于不同专业的教学模式，从而逐步提高教学质量和学生的学习热情，使其在极其有限的学时内能更好地掌握并应用水文与水资源学知识。

关键词：水文与水资源学；课程教学模式；改革探索；水土保持与荒漠化防治；自然地理与资源环境

目前，水资源已成为限制国民经济持续、快速发展的关键因素，水资源的合理开发利用和有效管理已成为流域规划管理与资源环境保护的重要环节之一，无论是水资源的开发利用，还是水环境的保护管理，都必须建立在相关的水文、水资源过程及其计算与水量平衡分析之上，而这也是"水文与水资源学"课程的核心内容[1,2]。因此，针对水土保持与荒漠化防治（以下简称"水保"）及自然地理与资源环境（以下简称"资环"）两个专业，本科生分别开设专业基础课"水文与水资源学"，就是根据流域规划管理及水资源水环境保护的需求，将水文与水资源学的基本理论和方法与实践相结合，通过一系列分析与计算，为流域规划管理及水资源水环境保护提供理论依据。然而，水保及资环两个专业不同于水文与水资源工程等专业，从专业基础、学习目的、要求等方面具有其自身特点，这也决定了"水文与水资源学"课程教学必然存在其独特之处。

1　水保及资环专业 "水文与水资源学" 课程的教学特点

"水文与水资源学"课程主要讲授水文现象的基本规律、运动特征、影响因素、观测方法及水资源的计算与评价方法、水资源的管理与保护等，涉及的内容主要包含"水文学基础、水文计算、水文观测、水资源评价"等,"水文与水资源学"课程知识点多,概念抽象,计算繁琐,学生学起来易感觉枯燥乏味,因此,这门课程无论是教还是学都有一定难度。为了提高教学效果,授课教师应针对课程特点,根据授课对象的实际情况,因材施教,制定切实可行的教学方案,采用合适的教学手段,直观、简明地将课程内容予以呈现[3]。

1.1 教学侧重点

对水保专业来说,由于学生将来从事的流域规划管理工作更多的是针对中小流域,且以中小型水保工程为主,因此,课程应突出中小流域和中小型工程的特点来讲解。教学应在遵循教学大纲的前提下,重点讲解中小型工程所需的水文分析与计算方法。尤其是针对我国黄土高原水土流失严重地区,已建和在建大量的淤地坝工程,而其中很多工程存在一定的安全隐患,因此,在教学过程中需分别对不同规模的淤地坝规划设计的水文计算过程等内容进行详细讲解和应用说明。此外,对于已建的小型水利水保工程,应通过该课程的学习,使学生初步了解如何优化其水土保持效益发挥。

对资环专业来说,由于在资源环境保护过程中首要关注的是对资源环境的合理开发利用和有效管理,因此,该课程的讲授应侧重于为资源开发利用和环境规划管理服务,在遵循教学大纲的前提下,重点讲授与水资源水环境联系紧密的原理与方法。尤其在我国水资源管理制度下,水资源开发利用和水环境保护管理都被赋予了新的内涵,对课程教学提出了更高的要求。因此,授课教师应结合新时期的水资源管理制度,针对我国的水资源总量、水资源利用效率和水环境纳污能力等方面,对水资源(包括水质)计算与评价、水资源开发利用与管理等内容进行详细讲解和应用说明。

另外,在小流域水土保持规划及流域或区域环境建设中,林草生态恢复、水土保持工程和水污染防治工程等一系列措施被大量采用,而这些措施会对流域或区域水循环等水文水资源情势影响深远。因此,在进行相关水文计算和预报时,须充分考虑并分析这一影响,而这也是针对水保及资环专业学生讲授"水文与水资源学"课程所独有的教学内容[4]。

1.2 与专业培养目标的结合

根据水保专业的培养目标,水文分析与计算和水资源开发利用是该专业本课程学习的两大核心;而根据资环专业的培养目标,其学习核心在于水资源的开发利用和保护管理,相对于水文循环过程内容,水资源的教学部分更为重要,而水文循环过程又是水资源学的基础。因此，无论是水保专业还是资环专业，合理确定水文和水资源学的授课时间和内容均非常重要。据了解，水文与水资源工程专业并不单独开设该课程，而是以二十多门相关的专业课程组成这一庞大的知识体系。相比之下，水保专业和资环专业的学生学习该课程的时间极其有限（目前仅有40学时）。因此，授课教师在设计教学内容时必须分别结合两个专业的培养目标，对授课内容有所取舍，并根据不同内容制定学生的学习目标和学习要求，其中，与核心内容密切相关的内容应是本课程的学习重点，其余部分的学习要求则应降低。

1.3　学生的专业基础

由于水保专业主要是培养水土保持与荒漠化防治领域的专门人才，因此，在该专业培养计划中，仅能开设和水土保持与荒漠化防治紧密相关的课程；而资环专业主要是培养自然地理与资源环境领域的专门人才，资源环境是一个非常宽泛的概念，并不局限于水资源水环境。于是在有限的学制下，均无法涉及大量与"水文与水资源学"课程相关的专业基础课程。同时，水保专业和资环专业分别属于农科和理科，与水文和水资源工程等工科专业相比，一些偏工程应用的理论基础，如水力学、工程数学、水文地质学等，势必会略显薄弱。因此，教师在讲授"水文与水资源学"课程时，为使学生更容易理解并掌握专业知识，有必要适当补充所涉及的相关专业知识，并鼓励学生提前查阅参考书加强自我学习。

2　课程教学模式及改革

2.1　注重专业知识的应用性

教师应根据不同专业"水文与水资源学"课程的教学目标，结合实际专业需求，突出专业知识应用性的特点。课程内容不应仅限于所选课本，而应在授课教师或教学团队积累的教学和科研经验的基础上，通过各种途径广泛查阅文献资料，大量收集相关素材，将抽象的理论知识与具体应用实例相结合，认真分析并精心组织课程内容，针对不同专业，突出应用性较强的课程内容，如水文分析与计算、水资源计算与评价等。同时，在讲解抽象的概念和原理时，也要注重应用性，使其具体化、形象化，易于学生的理解和掌握。笔者在讲授水文学中"频率"这一概念时，将原本抽象的概念与"重现期"概念结合起来讲解，学生就非常容易理解了。"重现期"与"频率"是一对密切相关的概念，"重现期"是指某随机变量取值在一个长时期内平均多少年出现一次，通常说多少年一遇。由于此说法在生活中常常听见，因此，"重现期"概念学生很易接受。为了进一步引出"频率"概念，可举例说明，如"某一蓄水工程设计洪水位是百年一遇"，即设计洪水重现期是 100 年，那么其频率为重现期的倒数 1%，又如"某地区或流域发生五十年一遇洪水"，则洪水频率即为其重现期 50 年之倒数 2%，通过实际生活中的例子来讲"频率"这一抽象概念，学生就能很容易理解并掌握了。

2.2　加强实践环节

"实践、认识、再实践、再认识"是人类认识事物通常遵循的客观规律。针对"水文与水资源学"这门实践性、应用性很强的课程，应加强实践环节，在牢固掌握所学知识的同时，培养学生的实际动手能力，从而提高学生的综合素质[5]。教师通过课堂教学讲解完基本原理和方法后，应增加课程实验、教学实习等环节，帮助学生将抽象的理论知识与实际相结合。例如，讲到"水文测验"时，可先通过课堂讲授使学生了解水文测验的目的与重要性，以及水文测验的方法与步骤；然后借助校内实验室的小型气象站，让学生对降雨、蒸发等观测数据的整理方法有个初步的感性认识，之后再带学生赴水文测站实习，在听取和观看工作人员讲解并操作降雨、蒸发、水位、流量等要素测定方法的基础上，学生可以分组在现场亲自动手实践，通过共同协作，不仅培养了团队精神，而且提高了综合运用所学知识解决实际问题的能力，增强了求知欲和学习兴趣。

当前，新增取水（口）设施建设论证、水资源评价（包括水环境部分）、环境影响评价等都是我国水利和环境保护部门的重要管理职责。而以上工作的开展均离不开"水文与水资源学"课程的内容。所以水保专业和资环专业的学生应该掌握开展水资源、水环境规划评价的基本知识和方法，积极开展水资源评价与规划实践。笔者在教学中，将学生分成 3~5 人的小组，让各小组收集和整理一个地区（流域）的统计年鉴和水文、环境监测资料，并利用所学的专业理论知识，模拟进行水资源的评价与规划，收到了较好的效果。

2.3　对教学内容适当取舍

"水文与水资源学"课程涉及的相关知识较多，所以课程内容一定要基于不同专业该课程的教学目标和大纲，区分主次，适当取舍，切忌"胡子眉毛一把抓"。教师在讲授时，应在掌握基本原理和方法前提下，重点讲解实践中的普遍性问题，使学生在牢固掌握水文与水资源学理论知识的基础上，能够将其初步应用于简单的规划管理实践中。课程内容一方面在"广度"上有所取舍，如重点讲授水保专业和资环专业学生以后接触较多的水文与水资源学知识，省略或简化今后很少用到的知识；另一方面，在"深度"上有所取舍，如基本原理必讲，而一些相对深奥且与规划管理实践并无密切联系的理论知识宜舍去，如影响降水的因素、土壤蒸发模型等内容。

2.4 改进教学方法

对水保专业和资环专业学生来讲，"水文与水资源学"课程中存在一些相对难以理解而又必须掌握的知识，对此，教师应着重在教学方法上做文章。教师可以借助现代多媒体技术，结合图像、声音、动画等多种形式，用自己的语言，生动、直观地将原本枯燥的知识予以展现，这样学生便容易接受。例如，"框图法"作为一种形象、直观而又精炼的内容总结方法，反映了由平面知识到立体感知的认知过程，其优点是通过合理整合，将众多相对零碎的知识点变为衔接自然、逻辑层次鲜明的知识体系，可使学生既能全局把握知识体系，又能明确知识点之间的联系；既能抓住主线，又能顺藤摸瓜、各个击破，从而更有利于学生对知识的理解掌握[6]。对于"水文与水资源学"这门知识点多且杂的课程，"框图法"无疑是一个行之有效的教学方法。例如，在讲到"由设计暴雨推求设计洪水"这一部分内容时，首先涉及"设计面雨量计算"，这时可借助计算框图直观展示并讲解 3 种资料条件下推求流域设计面雨量的步骤，见图 1。这样学生不仅能全局地把握设计面雨量的计算方法，而且能通过对比掌握不同资料条件下不同的计算过程。

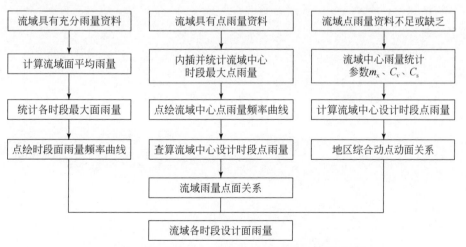

图 1　3 种资料条件下推求流域设计面雨量计算框图

3 "水文与水资源学"课程教学探索的效果

在北京林业大学近两届水保专业和资环专业本科生进行的"水文与水资源学"课程教学实践中，笔者将因材施教的教育原则贯穿于整个教学过程中，认真处理每一个教学环节，将课堂教学与实验、实习有机结合，在对课程内容适当取舍的基础上，通过合理的学时分配，借助先进的教学方法和手段，使水保专业和资环专业"水文与水资源学"课程学习起来更加轻松，课堂教学更加容易。在调动了学生学习积极性的同时，也促进了教师的课堂教学。从学生的课堂反应、课后作业完成情况，课程结束后的考核情况及实践动手能力等各方面，相比往届学生，都有较大的改善和提高，这充分说明了"水文与水资源学"课程的教学探索已初见成效。

参 考 文 献

[1] 张建军.水土保持与荒漠化防治专业"水文与水资源学"课程改革初探.中国林业教育，2009，27（5）：69-71

[2] 马岚，高甲荣.资源环境与城乡规划管理专业"水文与水资源学"课程教学改革的探索.中国林业教育，2014，32（6）：50-52

[3] 宋晓梅."环境水文地质学"课程教学研究与实践.安徽理工大学学报（社会科学版），2006，8（4）：77-78

[4] 余新晓.水文与水资源学.北京：中国林业出版社，2010

[5] 黄继英.国外大学的实践教学及其启示.清华大学教育研究，2006，（4）：97-101

[6] 仇锦先，陈平."框图"教学模式在"工程水文学"教学中的应用.中国电力教育，2009，（4）：54-55

植物地理学教学模式及改革探索①

张学霞，张建军

（北京林业大学水土保持学院，北京，100083）

摘要：植物地理学是一门应用性很强的交叉学科。本文探讨了生态文明建设、专业调整等新形势下如何科学合理安排教学内容，丰富能反映学科发展新动态的课程资源，改革植物地理学教学模式，顺利达到植物地理学基础知识教学、生态学素养培养、自主学习观的树立和生态文明传播的目的。

关键词：植物地理学；教学模式改革；交叉学科；自主学习观；生态文明

植物地理学是一门古老的学科。植物地理学创始人亚历山大·冯·洪堡（Alexander Von Humboldt）在 1807 年提出植物分布的水平分异和垂直分异规律，确立了植物区系的概念。经过 200 多年的发展，目前已形成了由植物个体生态、植物区系地理、植物群落、植被地理 4 个部分组成的严密的学科体系。植物地理学同时也是一门快速发展的学科，随着工业"三废"污染加剧、城市垃圾增多、森林破坏严重、水土流失加重等全球环境问题、生态问题的出现，植物地理学面临着进一步明确学科边界、发展和完善属于自己的科学概念和原理的任务。1964年国际生物学计划（International Biological Programme，IBP）实施，1971 年联合国启动人与生物圈计划（Man and Biosphere Programme，MAB），1986 年国际地圈生物圈计划（International Geosphere- Bilsphere Program，IGBP）执行，1992 年联合国环境与发展大会上提出《生物多样性保护公约》，以促进各国资源和环境的保护与管理。如何适应维护生态系统平衡、改善环境质量、节约资源、保护生物多样性的新形势，为植物地理学教学提出了新的课题和挑战。

① 资助项目：本论文承蒙 2014 年北京林业大学教改项目《自然地理与资源环境特色专业及"产学研用"一体化办学模式研究》资助。

1 目前面临的新形势

1.1 知识经济时代，知识更新速度日益加快

知识经济时代的到来，对中国高等教育的发展是机遇，更是一种挑战，教育对策的思考更显得重要。随着知识经济时代的到来，知识、技术、技能的更新速度越来越快，更新周期一般为 2~3 年。不断提高自己的专业能力和综合素养，从而使得终身学习成为必要。因此，在高等教育领域，如何转变学习观念，提高学生的读书能力，在没有老师讲课的情况下，使学生具有自我学习专业课知识的能力，即提高学生的自主学习能力、终生学习能力成为适应知识经济时代知识快速更新需求的首要任务。

1.2 建设生态文明，发展绿色经济

面对资源约束趋紧、环境污染严重、生态系统退化的严峻形势，必须树立尊重自然、顺应自然、保护自然的生态文明理念，走可持续发展之路。把生态文明建设放在突出地位，融入经济建设、政治建设，走绿色发展之路。2012 年，党的十八大做出"大力推进生态文明建设"的战略决策，从 10 个方面绘出生态文明建设的宏伟蓝图。2015 年，《中共中央国务院关于加快推进生态文明建设的意见》发布，同年召开十八届五中全会把增强生态文明建设首次写入国家五年规划。

如何大力保护和修复自然生态系统，建立科学合理的生态补偿机制，形成节约资源和保护环境的空间格局、产业结构、生产方式和生活方式，从源头上扭转生态环境恶化的趋势已成为当前中国生态建设的重要任务。

1.3 地理学专业的调整

1986 年，钱学森提出地理学（学科代码：0707）这一概念，将地理学与数学、物理学、化学、生物科学等并列为理学（学科代码：07）下的一大科学门类。1999 年，教育部对地理学的专业进行了调整，将原来的自然地理学、经济地理学、地貌与第四纪学重新调整为地理科学、资源环境与城乡规划管理、地理信息系统。原来的自然地理学专业不复存在。2012 年教育部将"资源环境与城乡规划管理专业（专业代码：070702）"拆分为自然地理与资源环境（专业代码：070502）"和"人文地理与城乡规划（专业代码：070503）"两个专业，原

有的"资源环境与城乡规划管理（专业代码：070702）"本科专业停止招生，经重新编制教学大纲，2013 年开始"自然地理与资源环境"和"人文地理与城乡规划"两个专业的招生。原来的"资源环境与城乡规划管理"退出本科专业的舞台。

专业调整后，原来作为地理学专业必修课的植物地理学成为了一些专业的选修课。必修课的课时也大大压缩，以及一些资源环境生态类新兴学科作为选修课的引入，使得植物地理学的教学面临新的机遇与挑战。

1.4　学生需求的变化

学科调整后，学生的需求出现了多样化和实用化的趋向。以北京林业大学为例，一些专业，如从地理学中分出的地理信息系统专业的必修课和专业选修课中不再有植物地理学，而水土保持与荒漠化防治专业、自然保护区专业却将植物地理学列为专业选修课。不同专业的学生对课程内容出现了不同的需求，更多的学生希望能够学以致用。

由于高等教育的发展，本科教学的目标主要在于培养学生的基础知识和一定的专业技能。与过去不同的是，绝大多数学生选修植物地理学不是为了以后从事自然地理或相关学科的研究工作，他们只是需要了解植物和植被的基本知识和应用，培养植物地理学的生态素养。针对这一情况，植物地理学在课程教学上需要考虑不同专业学生需求的变化，能够直接应用于社会。

2　教学模式改革的建议

2.1　重视教材建设，教材要与时俱进

植物地理学是一门古老的学科，目前国内教学使用最为广泛的是 2004 年武吉华和张绅编著的《植物地理学》（第四版），其次是 2012 年马丹玮和张宏编著的《植物地理学》（第二版），上述两本教材较多介绍传统的基本概念，新兴研究领域的篇幅则较少涉及。但是植物地理学是一门理论性很强的学科，有完整的学科体系，基本概念多，抽象知识难以理解。在教程中应该尽量避免一些生僻内容。同时，植物地理学又是一门实践性、应用性很强的学科，需要感性认识。因此，教材中尽量采用中国常见植物作为例证，避免出现一些不常见的植物。另外，针对中国的生态问题，介绍植物地理学如何应用，如何在缓解资源短缺、环境污染、生态治理等领域发挥作用。

2.2　体现生态文明

生态文明是绿色文明，生态文明建设要以资源环境承载能力为基础，以自然规律为准则，以可持续发展、人与自然和谐为目标，促进集约高效、宜居适度、山清水秀，走生产发展、生活富裕、生态良好的"三生共赢"之路。森林能保持水土、涵养水源、防风固沙、吸碳放氧、调节气温、改善气候、净化环境、防止荒漠化、保护生物多样性，森林是最好的绿色水库、天然氧吧，最大的储碳库与空气调节器，最丰富的生物基因库。这些都是维护自然生态系统的核心，是生态文明建设的重要标志。因此，在森林植被教学过程中，要体现林业在生态文明建设中的主体与基础作用、核心与主导作用、关键和决定作用，强调林业兴则生态兴、文明兴、国家兴。

2.3　体现应用性、实用性

中国的生态问题非常突出，讲解有关内容时，可以与我国的生态问题结合起来，面向学科发展和国家建设。例如，讲解森林植被、草原植被与荒漠植被时，介绍三北防护林工程、京津冀风沙源及其治理工程、长江中上游防护林工程、沿海防护林工程、太行山绿化工程、平原绿化工程、黄土高原水土保护林工程、全国防治沙漠化工程等国家重大防护林工程。重点介绍植物地理学如何在防护林林种选择、林带宽度制定等防护林体系建设中的应用；植物地理学如何保护、改善与持续利用自然资源与环境，保护水土资源与荒漠化治理。

2.4　组织小班研讨，重视学生反馈

改变传统的专业课授课模式，招聘研究生助教，组织师生比1：10左右的小班教学、研讨，组织小组式讨论班，训练学生的读书能力，切实提高学生的动手能力。据科普报道，蚁群里会有一定比例的懒蚂蚁，把那些勤快的蚂蚁去除后，懒蚂蚁自然变勤快了。大学教育应该要把"蚁窝"变成"狼群"，形成以小组为单位的学习和管理方式，能大大提高勤学比例。

现行的教育体制多采用大班教学模式。少数学生在整理好课堂笔记、读书笔记、实验实习方案后共享到班级群里，一部分学生就坐享其成，甚至剽窃其他同学的作业，不再努力进取，养成懒惰的习惯。懒惰的同学对于知识的获取程度当然也大打折扣。因此，本课程改革针对植物地理学学科特点，组织规模大约5人的研讨小组，针对某一专业问题进行讨论，任课老师和研究生助教共同引导，让

每个同学深度参与，加深抽象知识、重点、难点的理解和记忆。

鉴于社会经济发展的新形势，学生对教学内容和教学方式的需求也在不断变化，因此，需要高度重视学生的反馈，及时应对，与时俱进，更新教学内容。

2.5　增加多媒体教学，建设共享资料库

植物地理学是一门实践性很强的交叉学科，不仅需要植物学的基础，也需要地理学的基础。计算机多媒体技术和网络技术引入植物地理学教学过程，学生的阅读对象不仅有文字和图片，而且有大量的有声读物、大量的动画、大量的视频资料。它以鲜明的教学特点、丰富的教学资源、形象生动的情景，充分调动学生的主体性，使学生在学习过程中真正成为信息加工的主体和知识的主动构建者，成为改革课堂教学模式，培养学生创新能力和自主学习能力，实现教育现代化的技术基础。因此，建设共享资料库，尤其是针对新兴领域，拍摄针对教学的录像资料，对于提高植物地理学教学质量，培养学生的生态素养非常重要。

3　结　　论

展望未来，随着社会经济的发展、社会需求的变化，植物地理学教学还会遇到更多的新问题和新矛盾。作为交叉学科，地理学学科的分化和发展以及未来生态学学科体系的完善都势必对植物地理学的教学内容和教学模式提出新的要求。但是，只有掌握自我学习能力，培养新的学习观念，重视教材更新和学生反馈，针对国家重大生态问题，植物地理学教学才能走出一条适应生态文明建设和专业调整需求的新型教学模式。

参 考 文 献

[1] Lomolino M V, Riddle B R, Whittaker R J, et al. Biogeography (4th edition.). New York：Sinauer Associates, Inc. Publishers, 2010
[2] 侯学煜. 植物地理学的内容、范围和当前任务. 地理学报, 1955, 21 (1)：1-23
[3] 刘鸿雁. 浅谈面向学科发展和国家建设的植物地理学教学改革. 中国地理学会主编"土地变化科学与生态建设"学术研讨会论文集. 北京：商务印书馆, 2004
[4] 武吉华, 张绅. 植物地理学 (第一版). 北京：高等教育出版社, 1979
[5] 武吉华, 张绅. 植物地理学 (第二版). 北京：高等教育出版社, 1983
[6] 武吉华, 张绅. 植物地理学 (第三版). 北京：高等教育出版社, 1995
[7] 武吉华, 张绅, 江源, 等. 植物地理学 (第四版). 北京：高等教育出版社, 2004
[8] 马丹玮, 张宏. 植物地理学 (第一版). 北京：科学出版社, 2008
[9] 马丹玮, 张宏. 植物地理学 (第二版). 北京：科学出版社, 2012
[10] 付旭东, 张桂宾. 植物地理学教材更新刍论. 地理科学, 2015, 35 (10)：1294-1298

［11］夏晶晖．应用型本科教学中技能型课程考核方式的改革．西南大学学报（自然科学版），
　　　2013，38（6）：193-195

［12］马丹玮，李群，李维，等．植物地理学实践教学模式初探．安徽农业科学，2011，
　　　39（13）：8167-8169

资源环境规划课程教学模式及改革探索
——论案例教学在教学中的应用

齐元静[1]，张宇清[2]

（1. 北京林业大学水土保持学院；2. 北京林业大学水土保持与荒漠化防治重点实验室；
北京，100083）

摘要：资源环境规划课程是自然地理与资源环境专业一门重要的特色实践类课程，传统的"填鸭式"和"满堂灌"教学方式已经无法满足课程教学的需要。本文在分析案例教学基本特点、基本步骤，以及资源环境规划课程的实践性、综合性、时效性特征的基础上，将案例教学引入到资源环境规划课程的教学中，提出了本课程案例教学应注意的重要问题，并提出了"准备—动员—启动—讨论—点评"五位一体的案例教学应用模式。实践证明，案例教学在资源环境规划课程的教学中取得了良好的效果。

关键词：资源环境规划；教学改革；案例教学

"资源环境规划"课程是自然地理与资源环境专业一门重要的特色实践类课程，也是本专业的必修课程。传统的"填鸭式"和"满堂灌"教学方式已不能满足课程教学的需要，也在一定程度上影响了学生学习的积极性和教学效果，本课程亟须探索新的教学方式。案例教学法起源于20世纪20年代，由美国哈佛商学院进一步发展推广，被广泛应用于实践性、应用性较强的学科领域，被证明是帮助学生提升分析问题与解决问题能力的重要方法，甚至成为美国公共管理教育的标准模式[1]。所谓的案例教学是一种以教学案例为基础，以学生在课堂内外对真实事件和情境的分析、思辨为重点，以提升学生应用理论创新性解决实际问题的能力为目标的教学方法[2]。案例教学多应用于金融、贸易、医学、管理等社会科学课程[3-6]，而较少应用于自然地理与资源环境等自然科学相关课程。资源环境规划课程作为应用性较强、地理学科特色鲜明的综合实践类课程，在自然地理与资源环境专业的理论类课程体系、技术类课程体系与实践类课程体系中占有极为重要的地位，是本专业培养应用型和创新型人才的重要课程。因此，探讨案例教学在资源环境规划课程教学中的应用方法与思路对于提升教学效果和增强学生利用学科的基础理论分析与解决现实问题能力具有必要而迫切的现实意义。

1 案例教学的基本特点与基本步骤

案例教学的核心在于贯彻以学生为中心的教学理念，抛弃传统的讲授式的教学方法，而强调学生在知识学习与能力培养中的主导地位。教学的根本目的在于向学生传授知识、增强学生对理论的理解和掌握，训练学生的科学思维与创新思维，激发学生学习的好奇心与兴趣，案例教学法旨在强调教学活动从以"教师"为主向以"学生"为主转变。

1.1 案例教学的基本特点

第一，案例教学旨在通过以"体验"的方式让学生架构起理论与实践的关系，从而提高学生利用学科基础理论分析和解决问题的能力。案例教学的真正目的不是让学生记住理论知识，而是通过典型的案例让学生能将所学的基础理论和分析方法熟练运用到案例分析中，通过分析和研究建立一套适合自己的思维方式和方法，而传统的教学方式只是向学生一味地灌输书本上已形成定论的知识，所以案例教学是通过体验让学生掌握理论与实践的关系，从而提高学生利用基本理论和方法分析与解决实践问题的能力，有助于培养应用型人才。

第二，案例教学有助于调动学生的学习兴趣，提高学生的学习能力。传统的教学是教师通过"满堂灌"或者"填鸭式"的方式将理论知识与技术方法传达给学生，学生在学习过程中只是被动接受，学生容易感觉知识枯燥乏味，进而降低学习兴趣。案例教学则是通过将一个个鲜活的案例引入到教学中，让学生感觉到"学以致用""身临其境"的感觉，从而对学习产生极大的兴趣，提高学生的学习能力。

第三，案例教学有助于启发学生建立一套发现问题、分析问题与解决问题的思维方式。案例教学中案例真实性高、时效性强，内涵丰富，解决过程也较为复杂，有助于培养学生的实践能力与动手能力，从而启发学生建立一套发现问题、分析问题与解决问题的思维方式，将学生学习的零散知识整合起来，形成从理论到实践的思维框架，有助于创新型人才的培养。

1.2 案例教学的基本步骤

案例教学的基本过程可以划分为 5 个阶段：准备—动员—启动—讨论—点评。①准备就是指教师结合理论讲授内容选择合适的案例，对案例教学的重点、难点进行分析，对同学们提出明确且具体的要求，拟定规范的教学方案。这一阶段的工作主要在课堂外完成，教师对案例教学方案进行综合部署，学生则搜集案例研究的相关材料。准备的过程就是教师依据课堂教学计划与教学内容而设置一系列教学情境的过程。通过在恰当的时间就关键问题向同学提问，从而引发同学们的辩论，引导并敦促同学积极思考，从而达成教学目标。②动员则是指教师根据教学方案，布置案例教学任务，重点让学生们领会案例教学的目的、案例问题的基本情况与特点、案例要解决的重点问题与难点问题，同时教师应该向同学们介绍及简要回顾解决案例问题所需要的理论知识与技术方法，以便同学们能做到理论与实践的结合，能用理论知识与方法解决实践问题。③启动阶段主要由同学们课下完成，根据教师的课程部署，搜集相关材料，对案例问题进行独立研究与讨论，形成汇报文件。④讨论阶段主要由教师引导在课堂完成，课堂布置最好设置为圆桌状，教师居中而坐，引导同学们对案例问题进行深入讨论，教师从旁适当点评与鼓励，引导同学们踊跃发言。⑤点评阶段主要由教师完成，教师根据同学们的讨论，评价案例教学的效果及其存在的不足，引导同学们进行更深入的学习与知识强化。严格而言，点评也不仅仅是在讨论结束时对同学们的发言要点进行归纳总结，并指出同学们在案例分析中存在的问题与偏差。事实上，点评应当贯穿于整个讨论过程，尤其是当同学之间的讨论与课堂教学目标有偏离时，教师应当对同学的观点和分析过程给予归纳和引导，同时对同学们创新性的想法进行更深一步的讨论与研究。

2 资源环境规划课程教学设计与案例教学应用

2.1 资源环境规划课程的基本特征

资源环境规划课程是我院自然地理与资源环境专业的专业特色课程，其教学内容不仅包括单纯的生态环境建设规划和资源保护与利用规划，还兼具地理学科与水土保持学科的双重特点。基于此，本课程在教学内容上，主要包括3个方面，一是介绍一般性规划及资源环境规划概述和理论基础，二是介绍资源环境承载力评价与城乡资源环境规划的编制思路与方法，三是介绍水土保持类专项规划的编制思路与方法。

第一，实践性。本课程属于专业必修课，之所以设置本课程主要目的有两个，一是对接社会需求，培养资源环境规划与管理方面的实用人才，提高地理学毕业生的就业能力与竞争力；二是强化地理学基础理论与实践对接，实现教学与科研的良好互动，通过实践案例教学来加深同学们对学科基础理论与基本知识的理解和认识，为将来参与科研工作奠定基础，从而更好地达到教师教好与学生学好的双赢局面。因此，本课程选取的案例多是国内外资源环境规划领域的经典案例与前沿案例，力求让同学们能够在毕业后将所学所用直接应用于实践工作中。

第二，综合性。规划本身解决的是一个系统工程，资源环境规划尤为明显，地理学在解决规划问题方面独具优势，这与地理学的学科特性有着紧密关系。从当前的学科分类，比如建筑学、城市规划、交通等学科都是专业性很强的技术分支，并没有综合的、系统的思维。而地理学作为一门古老的学科，是前现代学科，是现在这种分科体系之前的遗存，保留着前现代学科的综合、系统思维。地理背景的毕业生在这方面的思维方式，对于从事规划工作，尤其是综合的分析、提供解决方案极其重要，也是其他任何学科无法替代的。因此，鉴于资源环境规划的综合性特点，本课程将强调突出地理学的学科，强调综合地、系统地解决问题。

第三，时效性。规划以解决社会面临的实践问题为导向，具备较强的时效性特点，不同经济社会发展环境与技术背景下的资源环境问题，所制定的解决方案也存在很大的不同，因此，本课程在教学方案设计与案例选择上力求突出实践中的最新热点问题与难点问题，将前沿规划编制思路与方法呈现给同学们。

2.2 案例教学在资源环境规划课程中应注意的问题

第一，突出传统教学方式与案例教学方式的有机结合。传统的教学方式以教师讲授为主，注重整体传授学科的基础理论知识与技术方法，具备系统性和逻辑性强的特征，有助于同学们建构课程的整体框架，缺点是内容相对枯燥，同学们对知识的理解往往只停留在知识的表面，而缺乏实际操作能力，出现眼高手低的问题。而案例教学法则与之相反，侧重综合运用学科的基础理论知识与技术方法系统的解决实践问题，有助于培养学生发现问题、分析问题与解决问题的能力，但也存在就问题论问题而忽视对理论系统性和逻辑性的把握，导致知识学习的分散，甚至因为对案例无法全面理解和掌握而出现学习兴趣下降等问题。因此，本课程在利用案例教学的过程中，尤其强调教师通过传统教学方式对规划的基本方法与思路、资源环境规划的理论基础进行详细的讲述，力求同学们能够建立起本课程的基本框架，为下面的案例教学和专项规划的学习奠定基础。因此，突出案例教学在本课程的重要性，并非否定传统教学方式的优点，而是取长补短，结合两种教学方式才能培养出适合时代需要的人才，即既有完整的系统性理论知识，又有创新性思维和较高的发现、分析和解决问题的能力。

第二，教学案例的选取要结合教学内容具有典型性和针对性的特征。恰当的案例教学有助于同学们理论知识的学习与动手能力的培养，而不合适的案例可能会适得其反。因此，资源环境规划课程案例的选取就变得尤为重要，本课程案例的选取应具有典型性和针对性。所谓的典型性是指案例的选取必须能够契合教学内容，必须是真实存在而非凭空想象的案例，能够全面反映理论所学内容，否则学生将无法从专业的视角对案例进行分析与解剖。另外，案例的选取必须具备针对性，不同国家在解决资源环境问题时由于所处的经济社会发展阶段和政策环境不同，所提供的规划解决方案也存在较大差异，因此，案例的选取必须突出国情，具备中国特色的特点，否则将会出现脱离实际而停留在纸上谈兵阶段。

第三，运用多媒体等设备和板书等辅助案例教学。本课程案例教学所选择的案例往往具备信息量大、内容多元、形式多样等特点，不仅包含丰富的文字资料，还有大量的现场调查的图片资料，以及相关统计资料和视频资料等，若单纯地由教师在课堂上介绍，则容易造成学生知识的混乱。因此，本课程将要求同学们在课下对案例地区进行大量数据资料的搜集分析工作，形成资源环境规划课程的基础资料汇编，在此基础上对基础数据和资料进行分析汇总，总结出案例地区发展的现状及存在的问题形成汇报多媒体文件。

3 案例教学在资源环境规划课程中的应用模式

借鉴案例教学的基本步骤，结合资源环境规划课程的教学特征，将本课程的案例教学划分为准备、动员、启动、讨论和点评 5 个阶段。

3.1 准 备 阶 段

该阶段主要由任课教师完成，结合城乡资源环境规划教学内容与教学重点，本课程将选择《呼伦贝尔市城乡资源环境规划》和《钦州市"三生空间"划分规划》两个案例作为典型教学案例。教师并针对案例，明确案例教学所用到的基本理论与技术方法，制作案例地区基本情况介绍多媒体，并拟定教学方案。

3.2 动 员 阶 段

该阶段主要由任课教师讲授城乡资源环境规划的基本思路与方法，并介绍案例地区的基本情况、本案例要重点解决的几个重点问题以及布置案例分析任务。鉴于资源环境规划内容较多、涉及面广等因素，本次案例教学将同学们按 6 ~ 8 人一组划分为 6 组，在组员设置上设置项目负责人 1 名，主要负责案例规划的全面组织和汇报多媒体的制作；项目秘书 2 名，协助项目负责人组织整个项目运作，并承担主要内容的研究工作；项目成员 5 名，按照规划重点与难点，进行针对性的任务分工。在项目任务分工中，充分尊重个人选择，讨论决定。

3.3 启 动 阶 段

该阶段由项目组完成，项目组之间属于背对背独立工作，通常需要 10 天左右的时间。具体来讲：①资料收集。通过互联网、图书馆、统计资料、实地勘查与访谈等多种方式获取案例地区的第一手资料，建立案例地区城乡资源环境规划的综合数据库，任务分工由项目负责人统一组织，通常需要 2~3 天的时间。②现状分析。对获取的现状资料及数据库进行深入分析，准确把握案例地区城乡资源环境发展方面存在的问题及面临的形势，并进行项目组内部讨论，通常需要 2~3 天的时间。③初步方案。针对现状分析，项目负责人组织项目组成员进行第一次深入讨论与交流，明确规划要解决的重点问题，并进行任务分工。项目组成员按照分工独立进行规划设计工作，形成初步方案，通常需要 3 天时间。④方案深化。项目负责人组织项目组成员进行深入讨论，形成规划方案，通常需要 3 天时间。⑤制作汇报多媒体。由项目负责人负责，项目组成员配合，制作汇报多媒体。通常需要 2 天时间。

3.4 讨 论 阶 段

任课教师组织课程讨论和汇报，讨论主要分为 3 个环节，其次由每组项目负责人进行项目汇报；再次进入讨论环节，分由其他项目负责人进行点评，其次由学生随意提出问题。①方案汇报。由项目负责人对项目方案进行汇报，时间控制在 30 分钟内，重点对规划要解决的重点问题、规划编制的思路及重点和规划方案进行详细汇报，由项目组成员进行补充。总时间控制在 30 分钟以内。②项目互评与讨论。成立项目讨论专家组，专家组成员由各项目负责人组成，每组汇报完成以后，专家组成员分别从汇报讲解、内容结构、方案设计、论据支撑、特色把握等角度对项目成果进行综合评价，其他学生可就关心的问题进行点评与讨论；③教师点评。教师根据每组汇报情况和学生讨论热点分别进行综合点评。

3.5 点 评 阶 段

教师根据每组汇报情况，凝练案例规划中面临的共性问题和个性问题，并引导大家针对这些问题进行集中讨论，教师根据同学们的讨论结果进行系统点评，并指出未来同学们需要强化的理论知识与能力培养，以及规划中应该注意的问题（图 1）。

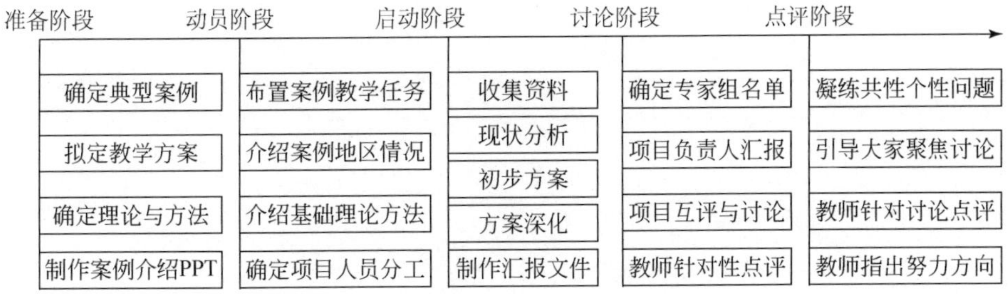

图 1　案例教学在资源环境规划课程中的应用模式示意图

4　结论与展望

自从资源环境规划课程采取案例教学法以来，学生的学习效果获得了显著提升。具体来讲，第一，学生利用学科基础理论分析问题与解决问题的能力显著提升，能够针对实践中存在的问题提出系统的规划解决方案与思路。第二，学生的学习兴趣获得了大幅提高，在案例教学中，学生已经了解和掌握了枯燥的基础理论如何运用到时间中，将枯燥的知识理解为能够解决现实问题的重要方法和手段。第三，学生的理论知识体系逐步搭建和强化起来。通过案例教学，学生对理论知识的理解更加深入，能够将基础理论知识连贯起来，搭建起系统的知识框架体系。但同时在资源环境规划课程应用案例教学的过程中也存在一些亟待改进的方面，第一，项目组织有待改进。由于同学们大都是首次接触规划项目，对项目组织缺乏实战经验，导致项目组内部在任务分工、讨论交流等方面缺乏协调，浪费很多宝贵的时间。未来教师应在项目组织方面加强引导，以便大家更加高效地完成项目任务。第二，项目讨论有待深入。目前受时间限制和同学数量限制，导致项目讨论过于分散，不够深入。未来应将小班讨论与大班讨论结合起来，探讨更加有效、深入的讨论方式。

参 考 文 献

[1] 齐睿，徐燕英．案例教学在金融学教学中的应用研究．中国地质大学学报，2014，（5）：49-51
[2] 郭忠兴．案例教学过程优化研究．中国大学教育，2010，（1）：59-61
[3] 郑金洲．案例教学：教师专业发展的新途径．教育理论与实践，2002，22（7）：36-41
[4] 张家军，靳玉乐．论案例教学的本质与特点．中国教育学刊，2004，（1）：48-50
[5] 张建波，白锐锋．论案例教学与应用型金融人才的培养．经济研究导刊，2011，（1）：244-245
[6] 王华荣．以案例教学推动大学课堂教学模式改革的实践与探索．中国大学教学，2011，（4）：62-64

第三篇　平台建设与综合管理

实验室安全管理的思考与实践

李春平，汪西林，刘喜云，张　英，赵云杰

（北京林业大学水土保持学院，水土保持国家林业局重点实验室，北京，100083）

摘要：实验室的安全管理是实验室管理体制中重要的内容。水土保持学院实验室从规章制度的建立、各类人员安全意识的不断强化，到实验设施的规范化管理，已形成一套安全管理体系，为实验室科研和教学工作的正常运行提供了强有力的支撑。

关键词：水土保持；实验室；规范管理；安全管理

实验室是高等学校教学与科研的重要活动场所[1]，是人才培养与动手实验能力的养成基地，更是培养学生科学实践能力和创新精神的摇篮[2]。实验室管理体制和运行机制直接决定着实验室工作的效率，实验室安全是实验室各项工作正常进行的基本保证[3]。建立现代化、资源共享、全面开放、服务高效、运行有序的实验室管理体制和运行机制，是实验教学和研究工作发展的必然需求。

水土保持学院实验室是伴随水土保持专业建设而不断发展的，于 1996 年被列为国家林业局重点开放性实验室，于 2003 年被列为教育部重点实验室。实验室已建成了大型实验系统、野外研究基地体系和公共分析测试平台，为科研提供了有力的支撑。仪器设备主要包括用于野外水、气、生、土等各个要素的定位监测设备及用于室内土壤植物和水理化分析的大型仪器。实验室建立了开放共享机制，各类室内仪器全年有 10 个月处于全面运转状态，野外监测设备全年处于全负荷运转状态。

如何做好实验室规范管理、安全管理，提高设备使用率，为科研教学服务，是值得深入思考和探索的问题。北京林业大学水土保持学院从规章制度、人员培训、设施管理等方面探索建立了一套安全管理体系，并不断实践和完善。

1　不断健全实验室规章制度

实验室的各项规章制度是实施安全管理的重要保障[4]。建立健全的实验室规章制度，系统的、详细的实验室条例、操作手册，有利于使用者更好地学习、理

解和掌握。内容具体、可操作，要阐明正确的做法和原因，必要时还要讲清错误做法可能导致的后果[5]。水土保持重点实验室依据学校及学院的各项规章制度，尽可能地将实验室建设和管理所需要的安全管理制度包容进去。使得实验室安全工作科学化、制度化、规范化，以此保证实验室的安全正常运转。

水土保持重点实验室的规章制度有：实验室建设与管理实施细则，实验室工作人员职责，实验人员守则，研究生管理实施细则，实验室网站管理办法，实验课运行管理办法；档案管理细则，经费管理制度和使用细则，固定资产管理制度，仪器设备管理制度，实验室安全管理制度；危险化学品管理制度；实验室卫生管理制度等。

其中，重点实验室的安全管理制度有：实验室安全管理规定；研究生外出安全管理办法；本科生参与正常教学环节的安全管理规定。还制定了各种安全承诺书：水土保持学院实验室安全稳定责任书、野外科研基地安全稳定责任书、实验安全承诺书（实验学生用）、野外台站接待学生科研实习实训安全管理告知书等。通过这些方方面面的制度和安全承诺书，从主客体两方面提醒大家时刻注意防范安全事故，避免隐患的发生。

2　加强实验人员安全意识的培养

实验室的安全管理应涉及实验室领导、管理人员、实验人员、学生等。提高领导的安全意识、加强管理人员的安全认知、落实实验人员的安全措施是水保重点实验室上上下下一致的认识。实验室分批选派管理人员参加举办的全国性高校实验室安全管理培训班、高校实验室危险化学品安全管理研修班等大型培训，提高管理人员自身的安全意识和素质，学习同行的管理经验和教训。回来之后，一起讨论交流学习情况，弥补自身管理缺陷和不足。

建立了严格的实验室安全准入制度。计划进入实验室开展实验的学生需预约仪器及实验空间，向实验员或管理员提交和讨论实验方案。通过"实验安全知识问答"系统考核，并签订安全承诺书，方可进入实验室实验。对于第一次使用特定设备和药品的学生，实验管理人员会安排学生先进行跟从式操作的学习和训练，到能够自主掌握实验操作要领方可独立实验。科学、严格的培训使学生认真对待每一次实验和实习，保护好自己，保护好设施，避免发生危险。

实验室重视环境育人效应。在实验室的内部环境设计上，构建"文化氛围+技术指导+安全习惯提示"为一体的立体实验科学育人环境，体现一室一品一文化。各类安全提示，时刻提醒实验人员，将安全意识植根于每个人的潜意识中。

3　重视实验室设施的安全管护

实验室安全工作的检查和落实直接影响实验安全管理的成效[6]。

水保重点实验室及各科研平台直接用于科研的仪器设备 2600 余件，价值 7000 多万。50 万以上科研设备 13 件，10 万以上科研设备 139 件。为了更好地发挥它们的作用和效益，实验室多次召开安全会议，讨论制定了"两固两定"制度，即固定人员、固定时间、定期检查、定期发布各实验室安全工作情况。对于 50 万以上设备的使用和管护，实行专人专管。

实验室严格执行安全卫生周检制度，指派专人定期检查，监督实验操作与管理的规范性，保证实验环境的有序、整洁，尽量减少安全隐患。其结果不但在实验室发布消息，还在实验室网站上公布。使人人增强安全意识，维护保管和使用好各自分管的仪器设备。

对于一些易发生火灾危险的仪器，如干燥箱、烘箱、电炉等仪器，均将操作规范及注意事项张贴于明显处，做好标识提示与警示，要求使用人填写记录本，做到开机不离人，随时观察仪器，防止意外发生。

对于需要使用酸碱化学药品的实验，制订安全手册，提前告知安全须知，让每个参与实验者均知晓并学会使用药品。实验室并配置必要的防护用具、药品等，预防实验过程中的意外发生。

严格危化药品的使用和废液排放管理程序，做好出入口的管理。购买药品执行学校统一采购程序，先考虑绿色环保，用多少买多少；废弃物的回收，采取学校集中回收、统一处置。不间断地固定清理，严格监控流通和出口情况，做好账目管理。

对于实验中用到的各种气瓶，做到专瓶专用，专人管理，登记使用。为每个气瓶设置气瓶架、悬挂气瓶名称，设置警告标志，防患于未然。

4　结　　语

总之，高校实验室是最容易存在安全隐患的场所[7]。近年来，我国高校实验室安全事故屡有发生，为高校实验室管理敲响了警钟[8]。健全规章制度，提高实验人员的专业化水平及安全意识和防护能力，做好实验室危险化学药品的使用管理，规范和监督化学危险废弃物的处理，树立全过程安全控制理念[9]，是保障科学实验、安全实验的基本要求。防范胜于救灾，目前实验室的安全防护和系统化管理与规范化实验室的建设标准还有一定的差距，还需要学校加大投入力度，广大实验室管理人员积极思考、不断创新，做到安全工作常抓不懈，警钟长鸣，确保实验室安全。

参 考 文 献

［1］李恩敬. 高等学校实验室安全管理现状调查预分析. 实验技术与管理，2011，（2）：198-200

［2］丁常泽，申湘忠，陈艳，等. 论高校化学实验室安全管理. 湖南人文科技学院学报，2010，（4）：112-116

［3］武晓峰，闻星火. 高校实验室安全工作的分析与思考. 实验室研究与探索，2012，（8）：81-86

［4］梁建国，于海燕. 高校化工实验室技术安全环境建设的探索与思考. 实验技术域管理，2014，31（10）：229-231

［5］陈彦. 坎特布雷大学实验室安全管理及启示. 实验室研究与探索，2013，32（1）：93-97

［6］刘浴辉，向东，陈少才. 从牛津大学实验安全管理看可操作性的重要作用. 实验室研究与探索，2011，30（8）：181-185

［7］周蒲荣. 对高校大型仪器设备资源共享的思考. 湖南师范大学自然科学学报，2005，（12）：93-95

［8］陈子辉，王泽生. 高校大型仪器设备开放和共享. 实验室研究与探索，2010，（2）：163-165

［9］张琼，全练琴. 高校环境实验室安全管理讨论. 实验技术与管理，2016，（7）：227-230

试论高校青年教师培养的意义和途径探讨

弓 成

（北京林业大学水土保持学院，北京，100083）

摘要： 青年教师是高校教师中最富有活力、创新力的群体，青年教师队伍建设关系到高校的生存和发展，更关系到高等教育的改革和发展。在教育教学过程中，高校青年教师自身必须具有良好的道德职业素养和创新精神，才可以培养出高素质的人才。高校青年教师培养已经成为高校教师队伍建设的重点内容，直接关系到高校的长远发展。抓好对中青年教师的培养工作是师资管理部门的一项经常性的工作，也是师资队伍建设的一项具有战略意义的任务。目前，我国许多高校青年教师培养模式不够健全、培养工作缺乏整体性的设计，难以取得实质性的效果，为此，一定要不断地完善高校青年教师培养的方法和途径，培养出一批又一批高素质的青年教师队伍。

关键词： 高校；青年教师培养；方法；途径；队伍建设

随着现代信息化的高速发展以及我国教育改革程度的不断深入，各种新的教学理念开始运用到教学中去，对于学生教育水平的要求也越来越高，更加需要教师进行引导，帮助他们树立良好的道德素养。这就要求教师队伍的主体——青年教师，一定要做好榜样作用，帮助学生很好地进行学习和生活。高校青年教师自身应该具备良好的道德素养和品质，具有时代赋予的高度责任感和使命感，把学生当成自己的孩子去爱护和关心，让学生都能够在爱的氛围里健康成长。本文对我国高校青年教师队伍现状进行分析，并提出有效的青年教师培养途径，希望能够实现广大青年教师的快速成长，成为高校中具有高素质、高质量，有创造力和创新精神的优秀队伍。

1 高校青年教师队伍现状

1.1 青年教师比例逐渐增多

随着我国高等教育大众化的推进，全民教育程度的不断提高，普通高校教师规模在不断扩大。近几年，各高校纷纷增招新教师，青年教师的比例不断上升，已经成为教师队伍的主要力量，教师队伍的年龄结构得到了有效改善，缓解了教师队伍老龄化的现状。

1.2　国际化进程缓慢

随着教师队伍规模的不断扩大，我国高校逐步与国外高校实行交换与学习交流，进一步提升了我国高校的学术竞争力和国际影响力，教师队伍质量得到了进一步完善，但是，高校青年教师出国学习交流的指标有限，覆盖范围不大，所以教师队伍国际化进程还比较缓慢，国际化程度总体上还不够高，具有国际化教育背景的教师数量还比较少，在一定程度上阻碍了我国高校教育教学水平的进一步提高。

1.3　青年教师学缘结构单一

长期以来，由于我国教育制度以及录取制度等多方面原因的影响，青年教师学历毕业后就步入高校，经历比较单一，知识结构范围不广，创新与研究能力比较缺乏，再加上高校人才分配不合理，紧缺跨学校和跨学科的青年人才，学科视野宽度不够，不能很好地促进高校创新能力的发展和提高。

1.4　青年教师的教学能力不足

青年教师的学历和文化程度较高，有着比较扎实的理论基础知识，工作积极热情，在很多方面与学生有共性，深受学生欢迎。但是，由于青年教师缺乏教学实践经验，不能很好地将理论知识与实际教学联系在一起，造成课堂教学效果不够理想，获得的学生认可度不高。同时，大部分青年教师都不能很好地处理教学与科研之间的联系与区别，存在重科研轻教学的现象，造成在教学方面投入不多，不能很好地完善自己的教学体系，影响教学效果的提升。

2　高校青年教师培养的重要意义

2.1　有利于促进我国综合国力不断提升

改革开放以来，我国经济发展突飞猛进，科技进步日新月异，人力资源正日益成为社会的第一资源。世界各国都把教育发展和人力资源开发作为可持续发展和增强国力的重要战略决策。习近平书记多次提出"要大力培育支撑中国制造、中国创造的高技能人才队伍"。高校作为高层次人才的培养基地，承担着重大责任。面对以科技进步和知识创新为核心的综合国力竞争日趋激烈，人才特别是高层次人才培养对提升一个国家的综合国力起着不可替代的战略性作用，成为综合国力竞争中越来越具有决定性意义的因素。高校青年教师作为高校师资队伍的生力军和中坚力量，对其培养显得尤为重要。

2.2　有利于促进我国高等院校教育质量显著提高

青年教师是未来教育改革的发展和希望，他们必将成为教育事业发展的继任者和创造者，肩负起教书育人、学科建设、科研和社会服务等各项重任，承担起延续高等教育的历史使命。所以，他们的整体素质关系到国家高等教育的发展，关系到高校未来的建设水平和人才培养质量。高校青年教师培养状况，不仅直接影响到高等教育质量，而且对学生人生观、世界观、价值观的形成具有长远的影响。因此，重视和加强对青年教师的培养，是高等教育提升内涵，尤其是实施素质教育，促进高等教育改革和发展的客观要求。

2.3　有利于促进高校学生的综合素养和核心竞争力快速形成

当前，各类高校招生人数逐年增加，高校毕业生越来越多，人才竞争异常激烈。高校学生在就业难的大背景下，想要谋求一个好的出路，就必须具有创新精神，不断提高核心竞争力，才能在人才市场中脱颖而出。青年教师在学生的成长过程中发挥着重要的作用，教师的一言一行都影响学生，所以，一定要提高自身的道德修养，进而才能对学生的综合素养提升发挥指导作用。为此，高校一定要加强青年教师培养工作，建立高素质的教师队伍，为培养"双创型"人才，提高学生的核心竞争力，利于学生的终生发展打下坚实基础。

3　高校青年教师培养的主要途径

3.1　制定合理的培养方案，加强青年教师培训力度

通过制定高校青年教师培养实施方案，明确青年教师培养的指导思想、培养目标、培养内容、培养方法和培养途径，逐步形成青年教师培养体系[1]。

加强青年教师的师德师风建设工作，要在青年教师中广泛开展师德师风教育，做到敬业爱生、为人师表、身体力行，深刻领会教书育人的重要意义，甘于奉献，不断追求新的教育高度。加强青年教师的导师制工作，发挥老教师传、帮、带作用，指派师德高尚、业务过硬、知识渊博、经验丰富的中老年教师做导师，从思想、教学、科研等方面对青年教师全面指导和多方帮助。加强青年教师的再培训工作，高校要根据师资队伍建设规划，加强校际之间交流互访，取长补短。有步骤选拔青年教师到国内外参加学术会议、做访问学者、留学研修等。

3.2　构建科学的激励机制，充分调动青年教师的积极性

建立有效的激励机制，克服长期以来论资排辈的传统观念，采取有力措施，在选人用人上坚持优胜劣汰的原则，这样才能调动青年教师积极性、创造性和主动性。例如，设立青年教师奖励基金；组织青年教师教学评比活动；对优秀者实行破格晋职、晋级制度；在办学资源分配上向骨干青年教师倾斜，促进青年教师成长。

同时，还要建立公平、合理的竞争机制，例如青年教师考核制、青年教师竞聘上岗制、青年教师奖励制等。通过创造平等竞争的环境，激发他们参与竞争的意识，使他们在教学、科研上多出成果，多做贡献，增强荣誉感和自信心。

3.3　加强对外合作与交流，扩大青年教师的国际化视野

目前，高校青年教师大多是"985"和"211"院校毕业的博士，这些人具有思想活跃、精力充沛、接受新事物能力强、外语水平高的特点，因此，高校应积极建立教学科研合作平台，创造便利条件，根据青年教师发展的需要，鼓励其参加国内外高水平学术会议，也可邀请国内外知名学者、专家为青年教师做学术前沿讲座，使青年教师能够获得各种信息，树立全球化新视野。

3.4　开展校园文化建设，加大对青年教师的关怀和关注

高校管理者要为青年教师创造和谐的校园人文环境，形成教师之间互相学习、互相尊重、互相支持、共同进步的良好氛围。要根据青年教师特点开展青年教师文化、体育、娱乐活动，加强团队文化建设，促进青年教师和老教师之间、青年教师之间、青年教师与学生之间的交流与沟通，使青年教师将德育、智育、体育、美育有机结合起来，做到寓教于乐，建立起组织认同感和归属感，增加教师队伍的凝聚力。同时，要关心青年教师的实际生活，想方设法帮助解决生活中

的困难，尽量能满足他们合理、正当的要求和愿望[2]。

4 结　语

青年教师是高校教师队伍的生力军。如何迈好教师职业生涯成长的"第一步"，应引起高校管理者和青年教师的共同关注，高校应为青年教师的快速成长创造良好的环境，青年教师自身也必须勤奋、努力，这样高等学校教育事业才能整体可持续发展。

参 考 文 献

[1] 刘继荣，杨潮．试论高校青年教师培养体系的构建．教育发展研究，2008，（15）：115-118

[2] 王海文．新形势下我国高校青年教师培养的现状、问题与对策．中国电力教育，2012，（11）：107-108

试论高校青年教师培养的意义和途径探讨

关于水土保持学院实验室管理信息系统的建设与思考

汪西林，李春平，王云琦，赵　琳

（北京林业大学水土保持学院，北京，100083）

摘要：管理信息系统在水土保持学院实验室的运用，是现代信息化管理技术的一种体现，是实验室科学管理水平、学科实践应用能力、科技竞争力的表现。随着国家对实验室建设的重视，实验室拥有的资产、资源越来越多。将这些资产管好用好，为科研服务，为学生服务，是实验室管理人员必须要做的重要工作。

关键词：水土保持学院实验室；管理信息系统；管理类；统计类

管理信息系统（management information system，MIS）是一个以人为主导，利用计算机硬件、软件、网络通信设备以及其他办公设备，进行信息的收集、传输、加工、储存、更新、拓展和维护的系统[1]。它将已有的信息收集、整理、加工、综合，为企业或组织提供运行管理和决策。一个好的管理信息系统（MIS）拥有的标准有：明确的信息需求、信息的可采集与可加工、可通过程序为管理人员提供信息、可以对信息进行管理。

水土保持学院实验室是从 1957 年我校首次建立水土保持专业起，至 1992 年北京林业大学成立水土保持学院就一直伴随着水土保持专业而存在的专业实验室。该实验室无论是教师们长期深入基层，建立实验站点实验、观测、获取实地资料；还是实验课程的野外实习，带学生观摩、量测、获取数据，都为水土保持与荒漠化防治专业在其研究领域，指导学生生产实践起到了重要的支撑作用。

随着《全国水土保持科技发展规划纲要（2008—2020 年)》的发布，"加快科学技术的发展，建设创新型国家、建设生态文明、建设资源节约型和环境友好型社会，作为今后我国发展的重要战略目标"[2]的要求，以及教学、科研和社会服务的实际需要，国家支持科研、教学的力度大大增加，每年购买大中型高新仪器设施也越来越多，水土保持学院实验室的任务也多样繁杂。其任务也由单一的课程教学增加为与科学研究相结合的综合实验室。实验室的面积、开出实验项目也增加了许多。

因此，如何使实验室资产、资源透明、清晰，使管理规范、准确，方便学生、老师使用，应用开发新的管理信息系统都是我们必须要做的重要工作。

1 开发研制实验室管理信息系统

1.1 需 求 分 析

2013 年根据实验室各方面需求，总结水土保持学院实验室多年管理的方式方法，整理出 10 类管理方向，研究开发了水土保持与荒漠化防治重点实验室及科研平台管理信息系统[3]。

该系统将实验室工作划分为两大类：管理和统计。管理类主要有 5 个方向：大型仪器在实验室使用的管理；小件器材外出实习的管理；实验室内使用化学药品的管理；对资料室积累保留、赠送的图书文献、实验资料的管理；实验室所辖各类用房的管理。统计类 5 个方向为：仪器设备维修记录统计；来访学术交流统计；各类获得成果管理统计；获得各类研究项目管理统计；实验室往来文档管理统计。

使用时，首先在管理信息系统页面，录入工号及密码，进入可操作页面后，根据需求选择相应模块进行操作。其功能模块结构如图 1 所示。

图 1　水土保持学院重点实验室及科研平台管理信息系统主页面

1.2 系统功能分析

（1）实验设备管理模块：针对在室内使用的大型仪器的使用管理。这类仪器专业性强，价值高，通常不易移动[4]。

（2）实习器材管理模块：针对存放在实验室内可外借、价值一般在10万元以下的野外实习使用的小件设备的管理。

（3）危化药品管理模块：针对在实验室使用的危险化学药品实行管理[5]。

（4）图书资料管理模块：针对存放在实验室的专业图书资料等进行管理，便于查询借用。

（5）各类用房管理模块：针对各类用房，即会议室、实验室、教室等房屋进行使用管理。

（6）维修信息统计模块：主要记录实验室各种维修情况，便于查询统计。

（7）学术交流统计模块：针对实验室派出及来访、参观、主办会议等人员、目的、时间等信息进行录入登记；便于查询、检索统计。

（8）成果管理统计模块：针对实验室人员获得的科研成果，如发表的论文、科研获奖、获批专利、软件著作权、出版专著等信息进行登记。便于检索、查询、统计。

（9）项目管理统计模块：针对实验室人员取得并执行的科研项目，如国家科技支撑计划项目、国家高科技研究发展计划、国家重点基础研究发展计划、国家自然科学基金及各级各类科研项目等进行登记统计；便于检索、查询、统计。

（10）文档管理统计模块：用于实验室上传、下发的文档资料备案、登记。

1.3 数据库表字段分析

根据实验室运行管理的内容，管理信息系统设置了16个数据库表，分为3类：管理类表、统计类表、用户登记表。

管理类模块所需数据库不仅需要设备的基本信息，使用者的信息，还要有借用、归还物品的字段信息。例如，实验设备管理模块数据库表结构有两个：①实验设备基本情况表：仪器名称、型号、缩略图、仪器价格、购买日期、购买人、存放地点、管理员、设备状况、相关介绍，备注；②实验设备借用信息表：项目名称、项目编号、仪器名称、型号、测试样本数量、样本类型、使用人员、联系电话、指导老师、预计开始时间、预计归还时间、使用目的、备注等。管理员通过借用信息表审核、统计设备的使用次数、时数、测试样品数等。其他管理类模块数据库表类似。

统计类模块的数据库表要根据统计的内容设计，如设备维修统计表有报修地点、报修内容、报修人、报修时间、维修时间、维修单位、维修人、维修人电话、维修内容、维修费用、保修时间、接待人、相关附件、备注等信息。

用户登记表数据库根据不同用户确定使用不同的权限。管理员分管不同设备，明确各自责任，增强管理员的责任心。普通用户可以记录使用设备、器材的目的、次数、用途，便于管理人员了解，提前做好计划准备以及更新预算。

1.4 系统架构分析

水土保持学院重点实验室及科研平台管理信息系统的软件架构采用 B/S 架构（Browser/Server 即浏览器/服务器结构）。在这种架构下，用户通过浏览器实现事务处理，主要事务逻辑在服务器端实现。它利用了不断成熟的 WWW 浏览器技术，结合浏览器的多种 Script 语言（VBScript、JavaScript...）和 ActiveX 技术，实现了原来需要复杂专用软件才能实现的强大功能[6]。是一种节约开发成本的全新软件系统构造技术。

水土保持学院重点实验室及科研平台管理信息系统数据种类虽然繁杂，但数据量不是很大，人机交互应用不频繁，对 B/S 架构刷屏缺陷可以弥补。另外，校园网的服务器有专人维护，实验室的管理信息系统添加进去，既解决了我们在服务器维护方面的人力、物力的开支，又满足了管理人员操作的需求。

1.5 软件开发环境分析

水土保持学院重点实验室及科研平台管理信息系统是通过安装在服务器的 XAMPP 集成软件包环境中开发研制的。用户不必安装任何软件，启动浏览器，登陆相应路径即可运行。

XAMPP（Apache+MySQL+PHP+PERL）集成软件包[7]由 Apache 服务器软件、MySQl 关系型数据库、PHP 服务器脚本语言以及 PERL 计算机程序语言组成。

Apache 是世界使用排名第一的 Web 服务器软件。它可以运行在几乎所有广泛使用的计算机平台上，由于其跨平台和安全性被广泛使用，是最流行的 Web 服务器端软件。

MySQL 是一种 sql 关系型数据库管理系统。将数据保存在不同的表中，这样既提高了数据读取的速度，也增加了修改移植的灵活性。

PHP 是一种服务器端的嵌入式脚本语言。它具有简单、面向对象、独立架构、可移植的动态脚本语言的特点。它运行速度快、简单易学、功能强大。

PERL 是一种功能丰富的"实用报表提取语言"，它适用广泛，功能强大。

搭配 PHP 和 Apache 可形成良好的开发环境，并且是免费的开源代码开发环境集成软件包。

用 XAMPP 集成软件包编制的程序，在软件使用、修改、分发都不受许可证的限制，便于搭建、维护、测试属于自己的系统，使用非常方便，打开浏览器，输入地址即可使用。

2　管理信息系统使用中遇到的问题

通过一年多的使用，管理信息系统获得了大家的认同和赞成，满足了水土保持学院重点实验室的各种需求的管理，满足了教师学生了解实验室设备的应用范围、使用情况，满足了管理人员对室内实验、借用设备等事项的精准管理及总结需求。管理人员将学生频繁使用的设备，按需求安排好顺序机时，充分发挥设备作用，体现了工作效率的提高和管理水平的提升。

但是在使用过程中，系统也遇到了一些问题，如下：

（1）管理类模块：由于学生不注意"申请时间"与预计"开始使用时间"的区别，导致审核时间错过"开始使用时间"管理员无法顺利审核；

（2）管理类模块：预约时，需要填写使用人班级，增加使用人的班级字段，便于查询某专业学生的实验使用情况；

（3）管理类模块：打印预约单的用途需填写打印出来；

（4）将项目名称、项目号字段添加到数据库中，使相关信息在预约打印单上直接呈现，不用手工填写；

（5）借用房屋实验，根据实验方案，应设置允许几组共同使用；

（6）室内实验设备根据实验方案，需要分解上下午时间段，由不同人员实验操作等。

3　管理信息系统使用中的改进及思考

3.1　软件系统的改进

对于发现的问题，我们对软件进行了修订改编。

（1）取消"审核时间对预约借用结束时间的约束"；

（2）修改"打印预约单中用途字段的选择"；

（3）增加"项目名称、项目编号、预约人班级等预约目的字段"；

（4）增加"打印预约单内项目名称、项目编号等栏目"；

（5）修改补充"借用房屋时间段的约定及使用人数限定的约定"等。

3.2　实验安全的思考

根据《高等学校实验室工作规程》（原国家教委令第 20 号）、《高等学校消防安全管理规定》（公安部令第 28 号）、《危险化学品安全管理条例》（国务院令第 344 号）等有关法规和规章，为保障师生人身安全，维护科研、研究生教学等工作的正常秩序，管理信息系统需要增加"实验安全准入"审核机制，提高教职工、学生实验、实习过程的安全意识。

（1）设立安全准入考试审核。在实验室管理信息系统中，预约之前，要求预约人完成"实验安全问答"试卷。学生通过答卷形式，回答"安全实验安全须知"，了解紧急情况的处置方法，学会应对突发事件的知识，再进行预约。

（2）增加实验、实习预约单中安全提示。在实验室管理信息系统预约完成后，预约单内有提示，需要指导老师审核并明确"知晓学生实验方案，已对学生进行安全教育和提示"，并签订"实验安全承诺书"等"实验告知书"。使大家从上到下，人人知晓安全的重要性，知晓遇到紧急情况的处置方法，避免危险的发生。

总之，通过水土保持学院重点实验室及科研平台管理信息系统的运行，将信息化新技术带入实验室管理中，提升科学管理水平，提高学科竞争力，使实验室管理用"较低的成本得到及时准确的信息，做到较好的控制"[8]，为实验室的发展与运行提供精准化的管理。

参 考 文 献

［1］百度百科．管理信息系统的定义．http：//baike.baidu.com/link？url＝bu96IF_ hn_ IrCj Ba232nOU7Es_ P6gvgr76H8Zhn4MQizAsBfWvyqDO0kJZvxcj6-egj-5dWzUExxmq9bhbnLRhbMF Wt_ afuRvmPzX5bsvSq

［2］百度文库．全国水土保持科技发展规划纲要（2008—2020 年）．http：//wenku.baidu. com/view/a32f3dea5ef7ba0d4a733bc7.html？from＝search

［3］汪西林，王云琦，等．高等院校重点实验室信息管理系统应用研究．实验室管理，2015，32（10）：142-145

［4］杨建锋，高岭，朱海阳．实验教学耗材库存管理系统的设计与实现．中国教育信息化，2013，（12）：49-51

［5］武晓峰，闻星火．高校实验室安全工作的分析与思考．实验室研究与探索，2012，31（8）：81-84

［6］百度知道．ｃｓ架构与ｂｓ架构区别．http：//zhidao.baidu.com/link？url＝CNu7Pg6LnVjYd7w zbRrcFZZwyExGtDI9DKc1khKA7NGNJBfOOeQDL9AOa9Glkh5ZMglUzTZRaz2hLdxPhME6ba

［7］百度知道．XAMPP_ 互动百科．http：//www.baike.com/wiki/xampp

［8］百度百科．管理信息系统产生背景．http：//baike.baidu.com/link？url＝bu96IF_ hn_ IrCj
Ba232nOU7Es_ P6gvgr76H8Zhn4MQizAsBfWvyqDO0kJZvxcj6-egj-5dWzUExxmq9bhbnLRhbMF
Wt_ afuRvmPzX5bsvSq

朋辈互助员模式在林业院校研究生心理教育中的实践探索——以北京林业大学为例

李晓凤，马丰伟，郝　玥

（北京林业大学水土保持学院，北京，100083）

摘要： 本文在对研究生群体调查研究的基础上，以北京林业大学为例，提出在林业院校建立研究生朋辈互助员工作模式，明确研究生朋辈互助员的定义与职责，建立完善研究生朋辈员互助工作体系。充分发挥研究生自我教育、自我管理的职能，从而有效补充研究生心理健康教育工作队伍，促进研究生心理健康教育工作。

关键词： 朋辈互助员；研究生

近年来，随着研究生奖助体系的改革以及专业型硕士招生人数的增加，研究生个体呈现出其特殊性：思想认识逐渐复杂化、价值取向日趋多元化、心理年龄普遍低龄化等，从总体上来看，大部分研究生的思想和心态是表现为健康向上的，但是，由于研究生正处于学业、求职、恋爱、婚姻等人生众多方面的关键阶段，与本科生相比，不仅要承受来自学术和就业上的压力，更要承受日益增加的来自经济和家庭责任的巨大压力，因此，关注研究生心理健康显得尤为重要。而目前研究生心理健康教育队伍也存在人员不足、工作队伍专职化和专业化水平不高等问题，尽管目前各高校都积极采取措施加强研究生心理健康教育，但也远远不能满足广大研究生日益增长的需求，而朋辈互助员对于促进研究生心理健康教育具有重要的补充作用。

1　研究生朋辈互助员是新形势下研究生心理健康教育的一支重要力量

在新的形势下，研究生群体面临着一些新的变化：招生规模的扩大化、就业竞争日益激烈、培养类型的多样化、服务管理相对分散，这些为研究生思想教育提出了新挑战。研究生朋辈互助员作为学生的同龄人，在解决学生问题上有着不可替代的优势。2013 年和 2011 年北京林业大学研究生现状调查报告显示，在研究生遇到心理困惑时超过 50% 的人会选择寻求同学朋友的帮助，因此，他们对朋辈的信任和依赖程度很高，同时在访谈中也了解到，通常在遇到问题时会寻求师门中师兄师姐的帮助。

当前研究生心理健康教育人员配备和专业化程度参差不齐，开展研究生朋辈互助员模式研究有效地弥补了这一问题。研究生朋辈互助员是研究生心理辅导员得力的助手，研究生朋辈互助工作是研究生心理健康教育的有益补充。研究生担任朋辈互助员在助人的同时为他们自身的成长提供实践锻炼平台，选拔优秀的研究生担任朋辈互助员是研究生自我管理、自我服务的一种新模式。

2 现阶段研究生朋辈互助工作的现状调查及分析

2.1 研究生朋辈互助的研究现状

目前，对于朋辈辅导员的研究文献很多，但是服务对象大都集中在本科生。例如，詹启生、李东艳等学者都对心理委员工作进行了研究，而对于研究生担任研究生朋辈互助员的研究和文献很少。只有姜宇明确提出了在中南大学设立心理与职业发展委员会，开展研究生心理委员工作机制的研究。也就是说研究生朋辈互助员在研究生心理教育中还是一种新的模式，还存在很大的探索空间。

2.2 研究生朋辈互助的调查情况

本论文以北京林业大学为例，调查了包括哲学、经济学、法学、教育学、文学、历史学、理学、工学、农学、管理学 10 个学科门类的 650 名研究生。调查共发放问卷 650 份，收回 603 份，有效回收率为 92.8%。通过对有效调查问卷的整理与分析，得到以下结论。

（1）目前，研究生的心理压力主要集中在学业、就业、经济、情感、人际关系、家庭等方面。调查结果显示，89.31% 的研究生存在较大心理压力。而在压力的释放和情绪自我管理方面又显得和自己的学历层次不相匹配，有 75.62% 的研究生表示会因为外界的小事而产生情绪的波动。

（2）目前学校和二级学院开展了研究生朋辈互助活动，但是效果不尽如人意，主要原因为组织宣传不到位，大部分学生没有参加过学校组织的心理朋辈活动，对心理朋辈互助活动关注度不高。调查显示，有 73.54% 的研究生表示没有参加过学校组织的朋辈互助活动，同时只有 14.62% 的研究生认为学院开展过朋辈互助活动，有25.88%的研究生认为学院没有开展朋辈互助活动，有59.5%的研究生则表示不清楚。

（3）当前研究生心理朋辈互助活动的效果不明显，学生的认可度不高。对于参加过心理朋辈互助活动的同学来说，只有12.32%的学生认为效果很明显，有48.28%的学生认为对自己有一定的帮助，而20.2%的学生则认为没什么效果。对于现行的班级心理委员制度，只有7.89%的研究生认为其是可以有效帮助自己的，有24.16%的研究生认为心理委员的作用比较小，有36.58%的研究生认为心理委员的存在基本上没什么作用，甚至还有31.38%的研究生不知道心理委员的存在。

2.3　原 因 分 析

（1）研究生朋辈互助员职责模糊，工作界限不清晰，导致研究生互助员或者心理委员职务形同虚设。现行的研究生心理委员主要是由于定位不准确，职责不明确，导致工作往往流于形式而无实质内容；且缺少心理健康知识的培训，在遇到问题时经常自己都会茫然失措，助人能力还有待加强。

（2）朋辈互助模式设置单一。现阶段研究生的心理辅导一般是以班级为单位，在班级内部选拔心理委员的形式开展。但由于研究生的学习生活特点决定了他们同导师组、课题组或实验室的师兄弟、师姐妹的接触时间更长，关系更融洽，班级反而是关系相对弱化的朋友圈，尤其是对于外业试验频繁的林业院校，因此，单一以班级为单位设置朋辈互助员已经很难满足研究生的发展需要。

（3）朋辈互助工作缺乏完整的体系和支撑系统。朋辈互助工作是一项系统的工程，从选拔、培训、督导到评价考核是一套完整的管理体系。没有系统的管理，往往会出现心理枯燥、积极性下降、责任心减退的现象。

3　建立完善的研究生朋辈互助工作体系

针对目前研究生朋辈互助存在的一些问题，结合工作实际，建立新型的研究生朋辈互助工作体系，切实发挥研究生朋辈互助员在心理健康教育工作中的作用。

3.1　明确研究生朋辈互助辅导员的定义与工作职责

研究生朋辈互助员是指选拔优秀、心理健康的研究生经过专门培训，通过考核，为研究生开展朋辈辅导的学生，以开展心理健康知识宣传，预防和发现研究生心理危机为主要工作内容，对广大研究生和研究生心理辅导老师负责，同时协助导师做好实验室、导师组心理健康教育工作。

研究生朋辈互助员是各二级学院开展心理健康教育工作有力的助手和有益的补充，是联结广大研究生和学院学校的桥梁。具体职责如下。

（1）自我成长。要学会调整自己的情绪、提高个人心理健康水平。

（2）宣传与助人。大力宣传心理健康知识，帮助同学培养良好心理素质，为需要帮助的同学提供学校心理服务的信息。

（3）配合校院心理工作。积极配合学校和二级学院开展研究生心理健康教育工作，协助开展心理普查等。

（4）组织开展心理健康教育活动。制订有效、多样化的活动方案，积极向同学宣传心理健康和心理卫生方面的知识。

（5）参加培训。定期参加心理健康知识培训、专题学习和交流活动，提高助人能力。

（6）广泛联系同学，积极开展工作。加强与其他研究生的联系，及时发现和帮助有心理困惑和烦恼的同学，并有效地开展朋辈间的心理辅导。

（7）及时发现问题，提高应急能力。保持与周围同学的良好沟通，积极关注同学的学习和生活状态，当同学中出现下列心理危机突发事件，应准确、迅速地上报辅导员和心理健康教育咨询中心：①有明显的精神障碍者；②因心理问题不能坚持正常的学习；③因心理问题有离校出走、离家出走倾向的；④因心理问题出现自残、自杀、杀人和实施其他过激行为，或有实施这些行为倾向的。

（8）对所从事的工作必须严格遵守保密原则，对自己所接触的同学隐私不得向任何亲戚、恋人或朋友等泄露，特殊情况可向心理指导老师或心理咨询教师请教。

（9）互助员每周向心理指导老师和导师汇报一次，并提交书面的研究生心理月报情况表。研究生心理月报情况见表1。

表1　研究生心理月报表

姓名	本月心理情况			其他
	失眠超过一周 （是/否）	身体疾病描述	情绪低落超过一周 （是/否）	学业、感情、家庭、经济方面的情况描述

注：所在单位所有同学全部覆盖，由朋辈互助员填写。

研究生朋辈互助员应明确自己的工作职责，秉承真诚负责的态度，通过沟通交流，帮助学生舒缓情绪，解决暂时出现的心理问题。如果出现较为严重的心理问题，朋辈互助员不应过于相信自己，应及时向相关老师求助，寻求专业的心理辅导。朋辈互助员所扮演的角色是心理健康知识的宣传普及者，以及同学自我认知、自我解决问题的倾听陪伴者和建议辅助者，不宜提供专业的心理指导。

3.2 拓展研究生朋辈互助的设置形式

研究生朋辈互助员设置形式按照活动场所设置包括宿舍、研究生工作室、实验室，按照单位设置包括班级、课题组、导师组。主要的形式和优劣势情况见表2。针对研究生规模、学科等特点不同，对于研究生朋辈互助员的设置提出几点建议。

表2 研究生朋辈互助员设置形式的比较

设置形式	优势	劣势
班级	设置整齐，便于管理	班级人数太多，互相交流少，工作难度大
实验室	有共同的工作目标，交流深入	带有周期性、不固定
导师组	在学习、科研、生活方面深入交流、了解程度高，工作方便，发挥导师作用效果好	各导师情况不同，管理难度较大，不能统一化
宿舍	工作方便，了解全面	适合于规模小、外业实验少的学院
工作室	工作方便，场地相对封闭	受限于工作室场地大小，过大工作效果不能保证

（1）朋辈互助应打破传统班级和年级模式。对于研究生来说，围绕同一导师、同一班级、同一宿舍，自然形成3个最主要的校园朋辈交友圈。而根据调查显示，近一半的研究生对同班同学的情况并不熟悉，农林院校由于外业实验较多，班级概念到了高年级就变得较为弱化，传统的以班级为单位的朋辈教育难以有效开展。因此，在开展农林院校研究生朋辈互助工作的过程中，应打破传统班级、年级的模式。

（2）可在导师组、课题组或实验室，建立恰当的朋辈互助员队伍。农林院校研究生学习、生活环境的特点，决定了同导师组、课题组或实验室的高年级学长学姐，对他们有着无可比拟的影响力，与之接触的机会与时间也远高于其他人群。他们同龄，在看待和处理问题的方式上容易产生共识，易于建立信赖关系。因此，可以考虑以导师组、实验室或课题组为单位设立朋辈互助员。

（3）可将几种不同的设置形式相结合，建立朋辈互助员队伍。几种研究生朋辈互助员设置形式各有利弊，但如果将他们互相结合，发挥优势，覆盖研究生心理工作各个方面、不同层次、不同场所和人群，这样全方位开展工作，对实现研究生心理健康教育工作全覆盖具有良好的作用。另外，宿舍是除实验室以外研究生最主要的活动场所，调查显示有相当一部分同学选择以宿舍为单位设置朋辈互助员，因此，可以尝试以宿舍为单位设置朋辈互助员。

以北京林业大学为例，结合调查结果，建议各学院根据研究生规模来设置研究生朋辈互助员：研究生规模大，人数达 200 人以上的学院，主要以导师组、工作间和实验室为单位设置 1~2 名；研究生规模中等的学院人数为 100~200，以班级为单位设置 1~2 名；研究生规模小，50 人以下的学院，总体设置 1~2 名；少部分规模不大的文科学院，主要以宿舍为单位设置。也可以纵向横向交叉设置，避免留下工作死角。例如，规模较大的学院，可同时横向在班级和纵向在导师组或者实验室设置研究生朋辈互助员。

3.3 完善研究生朋辈互助工作的管理体系

研究生朋辈互助员队伍的工作效果很大程度上取决于管理的情况，因此，必须要形成一套完善的管理体系，定期系统培训提高他们的工作能力；持续专业的督导促进他们进行自我调节、自我成长。管理部门要创造良好的人文环境，从专业角度和人文关怀角度，培养一支专业水平高、工作有热情的研究生朋辈互助员队伍。

（1）加强研究生朋辈互助员培训的设计和规划。和专业心理辅导老师相比，朋辈互助员的最大缺陷就是专业知识的缺失，很难得到别人的认可，甚至会影响到朋辈互助的工作效果。而传统的培训模式大多是短期的、临时性的，缺乏内容和时间上的系统设计和规划，因此，要做好顶层设计，阶段目标的设定和规划。培训的形式可通过课堂培训、团体辅导、专题讲座等。同时要加强宣传，充分利用新媒体的特点，搭建研究生朋辈互助员同专业心理老师的交流平台，建立和完善校院多级心理辅导工作体系，从而提高朋辈互助的工作效果。

（2）加强研究生朋辈互助工作的专业督导。职业的心理咨询师都会定期参加督导，而我们的研究生朋辈互助员出现工作压力、心理枯燥也是很正常的，为了更好地促进朋辈互助员自身成长，非常有必要开展持续的指导和专业督导。朋辈心理督导有多种形式，以专业老师督导、有经验的朋辈互助员督导、朋辈之间督导为主。由专业督导对朋辈互助员在个人发展、工作技能及实践操作上给予指导与监督，对其在心理健康工作中遇到的问题、困惑等给予及时的、具体的、恰当的帮助与指导，提升朋辈互助员对心理健康工作的理解和实践。

（3）及时对研究生朋辈互助工作进行客观评价。对研究生朋辈互助员的评价分为个人成长的评价和工作效果的评价两个方面。前者是通过对研究生朋辈互助员个人心理知识的扩展、工作能力的提高以及个人品质的提升来进行评价的。对工作效果的评价包括研究生心理问题预防工作、心理健康知识的普及程度、研究生心理问题咨询答疑工作、研究生对朋辈互助辅导工作的认可程度、研究生朋辈互助员与学院老师和心理老师的工作交流汇报情况等方面。通过对研究生朋辈互助员个人发展和工作的评价，遴选出优秀研究生朋辈互助员，提高他们工作的积极性，在促进研究生心理健康教育工作上发挥更大作用。

4 结 语

研究生阶段是人生的特殊时期，一方面年龄的增长和心智的成熟要求研究生需要扮演好学生、子女、朋友，甚至爱人和父母等多种角色，承担更多的责任和压力；另一方面，由于能力的欠缺、经济的拮据以及初次面对诸多问题的茫然，使得研究生在学习和生活中遇到很多挫折和困惑。现阶段各高校专业研究生心理辅导队伍的建设速度不能满足研究生日益增长的心理需求，因此，研究新时期研究生朋辈互助工作体系有重大的意义，需要在工作实践中不断地去探索和完善，从而使其真正能在研究生心理健康教育中发挥不可替代的作用。

参 考 文 献

[1] 郭立强，支良泽．研究生心理健康问题分析与对策探讨．时代教育，2014，(21)：99-100
[2] 蒋华朋．关于加强高校研究生心理健康教育的探讨．新课程·中旬，2014，(10)：61
[3] 林强．高校研究生心理健康教育现状及对策．重庆与世界：学术版，2014，31 (10)：84-86
[4] 石共文，韩慧莉，李双琛．高校研究生心理健康教育的长效机制构建．创新与创业教育，2015，(5)：134-136
[5] 孙宁成．高校研究生辅导员参与心育工作的困境与对策．学理论，2015，(8)：245-246
[6] 孙宁成．建立研究生导师心理健康教育培训机制的探索与思考．校园心理，2014，(6)：413-415
[7] 谢晓庆．地方高校研究生心理健康教育探析．学校党建与思想教育，2016，(9)：8-10
[8] 张冰清，姚鑫，彭淼．研究生入学心理健康教育的探索．科教文汇，2015，(33)：137-138
[9] 张秀凤，陈宏博，李光跃，等．研究生心理健康教育的问题分析与解决办法．中国教育技术装备，2015，(1)：66-67
[10] 郑舒婷．试论如何加强高校研究生心理健康教育．兰州教育学院学报，2016，(8)：172-173
[11] 姜宇，李晓波，徐惠红．高校研究生心理委员工作机制探析．科教导刊，2012，(28)：251-252

研究型大学本科教学管理工作的创新研究

焦　隆

（北京林业大学水土保持学院，北京，100083）

摘要：研究型大学以培养拔尖创新人才为主要任务，近些年在科学研究方向发展势头良好，但本科教学并没有与之齐头并进，其作为高校生命线的中心地位受到极大挑战。笔者结合教学管理一线工作经验，运用案例和理论分析，针对本科教学工作现状和存在的问题，客观地论证了本科教学工作的中心地位不可动摇，同时对教学管理工作进行探索和创新，以提高人才培养水平，对今后研究型大学本科教学管理工作有一定的借鉴意义。

关键词：研究型大学；本科教学；管理；人才培养；创新

百年大计，教育为本。教育是人类传承文明和知识、培养年青一代、创造美好生活的根本途径。中国有 2.6 亿在校学生和 1500 万教师，发展教育任务繁重。"这是习近平总书记代表中国政府对联合国"教育第一"全球倡议行动的正式表态，集中反映了全国各族人民对一代又一代青少年接受良好教育的基本认识和衷心期盼。现代大学的功能已拓展到人才培养、科学研究、社会服务和文化传承创新 4 个方面，落实好提高质量的战略任务，必须以人才培养为核心，四大功能有机互动、相互支撑，为内涵发展打开更大空间。

1　研究型大学本科教学的中心地位

研究型大学是以培养拔尖创新人才为主要任务，以开展高水平科学研究、提供高水平科研成果和咨询服务为重心的顶尖级大学，在中国知识创新体系中有着关键性的作用，相应的高质量生源是其重要特征。本科教学是高质量生源的重要保障，是研究型大学的生命线，这就说明研究型大学本科教学依然处于中心地位。

教务管理作为高校管理工作的核心，处于学校教学管理工作的中枢，起着承上启下、联系左右、沟通内外的作用，是复杂、多变、多要素相互作用的动态系统，其运行管理的诸多环节都存在着可探索的创新点，特别是在研究型大学中，教务管理人员需边工作边思考，敢于探索，勇于尝试，以规范教学管理秩序，巩固教学工作中心地位，提高人才培养质量和水平。

2 研究型大学教学运行中存在的问题

2.1 对本科教学中心地位的认识不够

研究型大学首先是大学，是培养人才的教育机构，特别能培养从事研究、发展科学技术的人才；其次它又是科学研究机构，能产生出水平和质量都较高的科研成果，进而起到服务社会的作用。教学和科研是研究型大学密不可分的两个方面。但是不少人认为既然要成为研究型大学，科研当然要放在第一位，这意味着科学研究的地位和作用在高校中不断得到提升和加强，教学管理工作的中心地位自然受到了极大的挑战。

反映出的现实情况就是：多个会议撞车时，教学会议往往不是首选；在课程安排时，希望课程安排紧凑，以空出大量时间用于科研，而忽视了学生对知识获取的认知规律；日常教学运行时，调课情况较多，理由大多是科研出差，而学生往往像机场中候机的乘客一样被通知"延误"或者"取消"。教学这个核心职能就这样一次次被迫给其他职能让路。

2.2 对本科教学的方式方法掌握不够

研究型大学一词发端于1810年成立的德国柏林大学，它以强调"研究与教学相结合"而著称。近些年，研究型大学发展在我国受到广泛关注，高校在支持科研和学科建设等方面取得了突出成果，但与此同时却忽视了本科教学质量和教育教学改革。信息技术的发展，特别是互联网技术对传统的课堂教学造成了极大的冲击。"老师知道"还是"百度知道"一直是一个尴尬的话题，这就需要我们对教学的方式方法进行改革和创新。

而现如今，有的课堂依旧是教师的"一言堂"，自始至终没有与学生的互动；有的课程设置杂而多，针对性和挑战性不足，进而对学生缺乏吸引力；有的老师在课堂上更愿意讲一些自己的科研经历，而忽视了学生们对专业基础知识的诉求；更为讽刺的是，在科研方面有所建树的老师，在讲台上的授课内容却缺少与科研生产、行业背景、同行同类的联系与比较，理论联系实际不足。总而言之，自己掌握了知识和能够给学生传授知识毕竟是两个境界。教师科研任务繁重，主要的时间和精力过于向科研倾斜，而忽视了对教育教学方法的研究，教改项目的立项数目远不及科研项目，经费投入相差更加悬殊。因此加快教学改革势在必行。

2.3　对学生的教书育人、启迪智慧作用不够

"师者，所以传道授业解惑也。"老师，不只是简单的教书匠，还要教授学生为人处世的道理与主动学习的可贵品质。"传道"，要求老师言传身教，传授知识的同时培养学生的人格品质。"授业"，传授基础知识与基本技能，这是老师与家长最关心的主题。"解惑"，学生通过主动学习提出他们的疑惑，老师要有效地解决知识的困惑。采用恰当的方法调动学生的主动学习能力，进而发掘培养学生勇于质疑的精神。

现实情况不容乐观，教师对课堂秩序疏于管理，只顾自己讲课而不关注学生的注意力、精神状态、学习劲头是否正常；教学只在课堂上，课下交流少之又少，学生想在课堂之外找到老师不易；在带学生做研究时，只是把他们当做自己项目的助手，更是缺乏精神层面的交流；课程考核不合理，在功课上努力程度不同的学生没有得到有效区分，甚至监考时擅离职守；只教书，不育人，对一些学生不礼貌、不道德的行为不及时指出和批评教育；对于大是大非的问题，缺乏正向引导，甚至在课堂上流露出愤青的思想。可以看出，有些老师对自己作为师者的身份还是有些迷失，责任感不强。

2.4　对青年教师的培养和关心不够

从 1999 年开始，为了解决经济和就业问题，全国高校进行扩招，学生规模不断扩大，相应的教师队伍也在不断扩充，扩招使高校培养对象由精英变成了大众，这也对教师素质提出了更高要求，同时教师队伍的扩大也在一定程度上影响着师资队伍的整体水平。现在教师学历层次明显改善，来源日益多样化，但仍然存在师资结构不尽合理、专业素质和师德水平有待提高的问题。少数教师没有统筹处理好教书与育人的关系，教学、科研和社会服务的关系，教育教学水平得不到保证。所以，必须把教师队伍建设作为高校最重要的基础工程来抓。

可现实情况是，在招聘教师时，看重的是 SCI，而这些高材生被录用后没有接受过十分系统的培训便上岗，上岗后的教师很快成为科研团队的一员，而在教学方面传帮带作用有限，由一个学术达人转变成为传道授业之人的过程要由青年教师自己来完成，或者说是克服，同时，青年教师事务性工作繁多，往往沦为资历较深的教师的助理或者秘书，很少有自己的时间可以做些教育教学研究和探索，甚至备课时间也很紧张。

2.5 对教学的激励政策力度不够

众所周知，大学里评职称对教学的要求，几乎就是个很矮的门槛，很容易迈过，而迈过之后，就是比拼科研了。科研获奖级别不够、科研成果不够突出，课堂教学效果再好，职称和工资也很难上去。目前，衡量教师水平的指标是看科研能力、承担的课题、发表论文的级别，争取到多少科研经费，在 SCI 上发表多少篇论文，而不是看上课、教学水平如何。评职称时，论文、科研项目是硬指标，教学是软指标。教学再差，有课上、有教改项目和论文就行；教学再好，论文不够，职称、待遇都成问题。教学重投入，科研重产出，仅以成败论英雄，很难让在讲台上兢兢业业的广大教师们得到客观的评价，这样的政策导向使教学处于不利的境地，其中心地位受到很大的冲击。

3 研究型大学教学管理的创新与探索

3.1 要提高责任意识，强化本科教学中心地位

人才培养是高等教育的本质要求和根本使命。衡量高等教育质量的第一标准就是看人才培养水平，核心是解决好培养什么人、怎么培养人的重大问题。要牢固确立人才培养在高校工作中的中心地位，一切工作都要服从和服务于学生的成长成才，坚决扭转重科研轻教学、重学科轻育人的现象，着力提高学生服务国家人民的社会责任感、勇于探索的创新精神、善于解决问题的实践能力，真正培养出德智体美全面发展的社会主义建设者和接班人。

3.2 要探究教学方法和手段，创新教学理念和模式

要鼓励授课形式多样化，开展启发式、讨论式、参与式教学，学生的创造性思维应在教学全过程中得到激发和鼓励。教师要加强与学生的联系和交流，重视班级干部在学习中的引领作用，为学生提供更多互动学习的机会。要推进信息技术在教学中的应用，增强学生运用网络资源学习的能力。还要加大国家精品开放课程建设的力度，把最有特色、最有水平的课程开放共享。

要探索科学基础、实践能力和思想品德、人文素养融合发展的培养模式，推动跨学院、跨学科、跨专业交叉培养，加强高校、科研院所、行业企业联合育人。对就业相对困难的专业，要调整课程设置和教学内容，让学生知识面更宽，

就业面更广。对高端技能型人才，要探索产学研合作、工学交替的培养模式。要加强校际交流，增加学生"第二校园"的经历，让学生分享各校的学科优势，接触不同的教学风格，在多元的校园文化中熏陶成长。

3.3 要立德树人、开拓思路，学为人师、行为世范

人才培养立德为先、立学为基，既要加强专业教育，注重"厚基础、宽领域、广适应、强能力"，也要加强思想品格教育，注重"树理想、强意志、勇实践、讲奉献"，使学生具有坚定的理想信念、广阔的眼界胸怀，更好地适应未来职业和社会发展的需要。

对于学生来说，教师影响学生的健康成长与发展，所以这就要求我们在情感、态度、价值观上对学生进行激励、鼓舞，平时用自己的良好品质与精神气质去感化同学，逐渐培养学生的独立人格，形成他们正确的价值观、世界观。

对他们生活中的问题也要注意观察，必要的时候给出自己的建议，使他们很好地走出困惑。在解惑的同时也要意识到，解惑的最终目的是培养学生独立的人格，并使他们自己掌握一定处理问题的能力，在帮助的时候要留有空隙让他们自己去探索、去发现。

3.4 要重视培育青年教师，创新人才流动机制

教师队伍是教育的第一资源，是决定教育质量的关键环节。青年教师是学校发展的新生力量，更是后备力量。青年教师的素质就是未来教育的素质，更是一个学校的生存发展之根本，培养青年教师应是研究型大学工作的一个战略举措。

青年教师是学校的未来，要作为教师队伍建设的重中之重，重视教学基础能力训练，加强教育心理学、教育伦理学、教育技术、职业道德等系统培训，提升专业水平，以适应知识发展和学生全面发展的需要。要拓宽选人视野，完善遴选制度，全面推行公开招聘，促进不同高校、不同学术流派之间的交流。鼓励高校聘用实践经验丰富的专家担任专兼职教师，鼓励教师拥有校外学习、研究和工作经历，优化专兼职教师结构。同时，完善退出机制，实现能进能出、能上能下，增强用人活力。

3.5 要从制度保障方面鼓励教师安守教学岗位，
提高教学投入积极性

要改革教师评价办法，突出教学业绩评价，建立激励竞争机制，分配政策向

教学一线倾斜。要完善教学名师评选制度，大力表彰在教学一线作出突出贡献的优秀教师，引导广大教师以学术素养、道德追求和人格魅力教育感染学生。

本科是大学生打基础的重要阶段，世界一流大学无不高度重视本科教学。要巩固本科教学的基础地位，健全以提高教学水平为导向的管理制度和工作机制，做到政策措施激励教学，工作评价突出教学，资源配置优先保证教学。要把教授为本科生上课作为基本制度，坚决避免本科教学被弱化的现象。本科阶段要加强应用型、复合型、创新型人才培养，提升学生就业创业能力，同时为部分学生进入研究生阶段学习做好准备。要发挥好教育教学改革项目、"本科教学工程"、教学团队、教学成果、教学名师在教学工作上的引领辐射作用，提高教学在职称评审中的门槛以及所占权重，加大教学方面奖励力度，调动所有教师投入人才培养的积极性。

参 考 文 献

［1］新华社.习近平主席在联合国"教育第一"全球倡议行动一周年纪念活动上发表视频贺词.人民日报，2013-9-27（3）

［2］刘延东.深化高等教育改革走以提高质量为核心的内涵式发展道路.求是，2012，（10）：3-9

［3］杨贵春.我国研究型大学本科教育的现状及对策.高教高职研究，2010，（10）：163-164

［4］高增刚.中国研究型大学形成与发展.中国科技信息，2007，（9）：285-288

［5］宣华，刘玉玲，陈卫.研究型大学教学管理人员综合素质浅析.高等理科教育，2011，（3）：65-67

高校新任教师入职培训的思考与探讨

朱文德

（北京林业大学水土保持学院，北京，100083）

摘要： 新任教师作为高校师资队伍的新生力量，他们的健康成长是高校可持续发展的重要保证。文章从探究新任教师入职培训的必要性出发，指出高校开展新入职教师培训的重要作用，通过分析高校新任教师入职培训现状中所存在的问题，从而提出完善高校新任教师入职培训的几点思考和建议，即树立正确的入职培训理念、端正培训态度，健全新任教师入职培训制度，加强实践性知识培训和建设导师培养制培训模式。

关键词： 高校新任教师；入职培训；必要性；思考

随着我国高等教育事业的蓬勃发展和高校生源的不断扩招，高校教师师资的短缺问题愈发突显。为了解决师资问题，每年都有大量应届毕业生充实到高校的教学科研第一线，使得青年教师在高校专任教师中的比重不断攀升，教师队伍年轻化的趋势十分明显。如何使新入职教师少走弯路，尽快完成角色过渡，尽早掌握教育教学基本知识和技能，就成为高校培养新任教师的一项重要工作。因此，积极探索高校新任教师健康成长的路径，构建高效的培养模式，无论对高校发展还是青年教师的专业提升和职业发展都具有深远意义。

1 高校开展新任教师入职培训的必要性

近年来，高校及科研院所的应届博士或硕士毕业生成为高校新任教师的主要来源。新入职后，他们从学生到教师的角色转换过程中面临着种种问题，对自己从事的职业准备也不够充分。例如，缺少相应的实践教学能力，教书育人意识不强，不懂控制课堂的技巧等，这些都是新入职教师亟待迫切解决的问题。教育学理论认为，从知识接受者到知识传授者的角色转换需要辅助性的措施，用来强化角色转变后的角色意识[1]。而新任教师的入职培训正是通过对新任教师理论水平、教育观念、实践教学能力等方面有针对性的培训，从而帮助新任教师迅速完成角色转换，充分做好职业准备[2]。

高校教师应忠诚党的教育事业，爱岗爱生，为人师表，不仅要有渊博的专业知识和较强的教学及科研能力，同时还应具备崇高的职业道德水平和职业神圣感。在社会主义市场经济发展的今天，教师的职业道德赋予了新的重大意义，不仅肩负着传授知识的重任，还要在新的社会形势下培育学生正确的人生观、价值观和世界观。高校通过对新入职教师的培训，可以不断牢固他们终身从教的思想，提升他们的自身修养，在师德师风、育人理念和治学态度等方面得到不同程度的提高，充分发挥对学生的道德示范作用。

2 高校新任教师入职培训存在的问题

2.1 部分高校和新任教师对入职培训的重要性认识不足

部分高校师资培训或人事部门将新任教师的入职培训工作当做一项简单的常规性工作来看待，忽视了新教师入职培训对学校教师队伍建设的重要性，没有制定有效的适合本校教师的培养计划，整体上流于形式[3]。部分新任教师缺乏主动性和积极性，普遍认为只要自己具备一定的专业知识和科研水平就能够胜任高校教师工作，低估了入职培训的重要意义。有的新教师甚至认为学校开展的培训工作占用了其个人科研时间，视其为负担，往往草率应付了事，例如，部分教师参加培训仅为达到考勤要求而到场，人在心不在，使得培训效益大大降低[4]。

2.2 培训内容单一、形式单调，无法充分满足
新任教师的需求

目前我国高校新任教师入职培训主要依托教师资格认定以及岗前培训来实现教师的任职要求[5]。由于时间短暂，知识乏陈，岗前培训所起到的功效非常有限，并不能完全解决青年教师上岗所面临的困难和问题，使得新任教师在完成角色转换、融入教学氛围、提高专业技能等方面出现不同程度的不适应、不协调和不自信。

2.3 理论学习与能力培养难以并驾齐驱

高等教育相关理论的学习，是新任教师入职培训的重要环节。但新教师缺乏的是如何有效地将教育理论运用到教学实践中，如何在教学技能方面获得较大的提升。目前，多数高校实施的入职培训缺乏应有的研讨、示范教学等环节，忽略

了对于新教师教学教法的示范和引导；同时，重理论、轻技能的做法导致出现虽有满腹知识却难以有效地传授给学生的现象。

2.4 新任教师的职业道德水平有待提高

教育要发展，教师是关键。教师素质，师德最重要，它是教师的灵魂。师德建设是中华民族优秀传统文化的精粹，决定着我国教师队伍建设的成败。教书育人，教书者必先学为人师，育人者必先行为世范[6]。高校青年教师多为非师范院校毕业，教师职业道德理论存在先天不足，再加上缺乏社会实践锻炼，在价值调整过程中容易使主客体产生偏离以致出现错位[7]。当今社会价值观多元化和利益诉求多层次化，不断冲击着高校教师的价值取向，对学术道德建设造成了很大的冲击，大学教师自身职业道德定位不断遭受挑战，职业道德水平亟待提高。

3 完善高校新任教师入职培训的几点思考

加拿大学者迈克·弗兰说："教师的职前教育和培训必须为成为教师的人提供知识、技能和态度，这些将为有效的教学、继续学习和他们整个职业生涯的发展奠定扎实的基础。"针对目前高校新任教师入职培训存在的问题，笔者认为，应当建立完善的入职培训体系，适合新任教师职业发展需求，切实促进青年教师早日成熟。

入职培训是指新任教师从受聘到转正这段时间内所接受的指导和培养。这是对新任教师在角色过渡、职业体验、教学责任和使命感培养过程中的重要环节，是教师专业化不可缺少的条件和基础[8]。因此，充实和完善新任教师入职培训对教师的成长成才具有深远意义。

3.1 树立正确的入职培训理念，端正态度

高校师资培训部门或人事部门应从"真正地提升新任教师教育教学基本素养"的高度来组织和开展入职培训工作，将参加培训的重要性和必要性向新任教师阐述清楚，引起新入职教师的足够重视；作为一名新入职教师要将注意力更多放在如何提高个人教育教学能力的提高上，如何培养良好的职业道德和敬业精神上，注重入职培训的学习过程和学习质量，争取能够在整个培训过程中学有所成、学以致用[3]。

3.2 健全新任教师入职培训制度

由于高校普遍存在师资紧缺的现象，许多新任教师刚入职就要承担繁重的教学任务，使得学校组织的入职培训与教师的日常教学任务发生冲突，入职培训随即成为了简单的"走形式"。要解决这一棘手问题，首要任务是正确处理新任教师入职培训与日常教学任务的关系，制订详细的入职培训计划，合理安排入职培训的时间，增强入职培训的效果[2]。

3.3 加强实践性知识培训

在教师教育理论研究中发现，实践性知识对于教师的自主发展具有重要作用。这要求高校应该放弃教师专业发展的静态观，把教师在实践中通过不断地解决新问题，不断地反思，获得与具体情景相联系的知识的过程，视为教师获得专业发展的前提条件。所以，要在新任教师的知识结构中增加教学实践性训练。这种实践性训练不但是深入课堂、观摩学习教学经验，而且还包括对教学内容的有效组织、教学语言的表达、师生沟通的艺术等多方面内容的指导。

3.4 建设导师培养制培训模式

加强"校院"结合的双重培训，在新任教师入职培训后，学院应该针对新任教师个人制订专门的培养计划，并在专业教研室内为新教师配备专业方向相近、教学经验丰富、科研能力突出的资深教授作为指导教师，为新任教师编制培训计划，实行"一对一"指导模式，对新任教师进行有计划的系统辅导[9]，充分发挥老教师"传、帮、带"的作用，从思想、教学、科研等方面对新任教师进行指导和帮助，促进新任教师全面提升与发展。

总之，高校新任教师入职培训工作是一项复杂的系统工程。培训过程不仅是知识的灌输和经验的传授过程，而是一个自上而下然后自下而上往复的过程，是一个教与学，学与用的过程，也是帮助新教师掌握教学基本规律和技巧，提高其适应高校工作能力的一种行之有效的方法[10]。由此可见，加强对高校新任教师的入职培训，探索和构建切合实际的培养模式就成为当今高等教育的一个重要课题，值得我们深入分析和研究。

参 考 文 献

[1] 吴优. 浅议加强高校教师岗前培训的理论和实践. 时代教育，2010，（2）：12-13

［2］王迎．高校新任教师培养模式的探索与实践．黑龙江教育（高教研究与评估），2015，（10）：74-75

［3］夏鸿飞．新时期高校教师岗前培训工作存在的问题及解决方法的探究．改革与开放，2012，（24）：153-154

［4］徐奕，王甫银，刘培彧．高校新教师培养的思考与实践——以中国人民大学新教师助教制度为例．教师教育论坛，2016，（3）：16-21

［5］孙伟英，陶道远，赵琦．高校青年教师入职培训透析．中国高校师资研究，2004，（1）：39-41

［6］周济．大力加强师德建设努力造就让人民满意的教师队伍——在全国师德论坛开幕式上的讲话．中国高教研究，2004，（10）：1-3

［7］阎高程，潘建红．高校师德建设的困境与出路．教育与职业，2004，（30）：70-71

［8］孟旭，杜智萍．关于完善高校新任教师入职培训的思考．太原师范学院学报（社会科学版），2007，（3）：127

［9］朱连虹．我国高校新入职教师培训的现状分析．吉林省教育学院学报，2016，（1-32）：59-61

［10］石纯芳．高校教师岗前培训的研究与探讨．吉林化工学院学报，2013，（10）：131-133

林业高等院校科研管理信息化建设的探索与实践

胡　畔[1]，吴　涛[2]

（1. 北京林业大学水土保持学院，2. 北京林业大学科技处，北京，100083）

摘要： 林业高等院校是现代林业技术、理论、人才的聚集地，是林业知识创新体系的重要组成部分，提高高等院校科研管理水平是激发科研队伍创新活力、推进科研成果推广转化的必然需求。以北京林业大学科研管理系统为研究对象，分析了林业高等院校科研管理信息化的建设现状、存在问题、建设意义，阐述了科研管理信息化建设目标、建设内容，提出了林科高校科研管理信息化建设的实施策略与设计思路，形成了林业高校科研管理信息化的理论体系。

关键词： 高校；科研管理；信息化；信息系统

随着以"互联网+"和信息化建设为特征的当代信息技术的不断发展，高校科研管理模式正逐步改变。提高高等院校科研管理水平，是激发科研队伍创新活力、加快生态建设领域关键科研技术成果孵化与应用转化的必然要求。建设基于互联网技术的科研信息管理系统和网站，能为林业高校科研工作者开展科研档案管理、提出管理决策、宣传推广科研成果提供有效支撑。本文期望通过对林业高校科研管理信息系统建设思路和应用现状的研究，探讨提升林业院校科研信息服务能力和水平的新途径，推进林业高校科研工作的科学发展。

1　林业高等院校科研管理信息化建设现状与问题

1.1　林业高校科研管理信息化建设现状

目前国内林业高校科研管理工作中，以传统办公软件（如微软 OFFICE 软件）为基础的科研档案管理模式仍然存在，这种数据管理模式依赖人工大量输入数据来建立简易的数据库，并执行信息的查询等，这不仅使科研管理人员的日常工作愈加繁重，同时也增加了数据出错的风险，在手工录入、查找、更新操作中，相关数据的安全性、一致性、真实性不能得到控制和保障[1]。对于管理者而言，这种数据库在进行有针对性的信息统计和分析中，难以生成有价值的情况报告，不能直观地反映出科研现状。因此，随着国家科研管理体制改革和科研管理机制创新研究的逐步深化，如何利用现代计算机技术和网络技术，实现科研项目申报、科研成果录入、科研绩效考核、科研成果评奖等动态化管理，提高科研管理水平，为学校领导决策提供有力的支持，已成为林业高校科研管理部门面临的重要任务。

1.2　林业高校科研管理信息化建设存在的问题

1）注重硬件建设，轻视服务系统和内容建设

随着科研经费和科研成果的快速增长，许多高校已逐步建立起科研管理系统，但存在比较注重科研管理计算机硬件的建设，而轻视管理软件、服务系统和宣传内容的建设。部分高校科研管理部门的门户网站虽有科研信息网页，但内容少，更新慢，除了发布少量的新闻和通知外，知识产权、科技创新实用技术以及理论创新观点等信息较少，公众很难获取该单位承担的科研项目、科研队伍、学术交流等信息，忽视了门户网站科研成果宣传的重要作用。

2）科研系统涵盖范围不够广泛，功能亟待完善

大部分科研管理信息化目前停留在数据收集阶段，其功能主要集中于项目基本信息、经费信息、成果的录入、修改、查询、报表等基本功能，管理人员只能通过简单的统计或排序等功能获得表面的信息，隐藏在这些大数据中的规律无法有效挖掘[2]。

大部分科研管理系统没有渗透在科研全过程管理中，无法满足科研项目预算管理、成员工作量考核、经费管理、电子文档存档等需求，管理部门不能通过系统有效控制科研项目经费预算支出额度，埋下科研经费不合理支出隐患。

3）科研管理信息化的理念有待加强

首先，教师的科研管理信息化建设意识不强，积极性不高，没有很好地理解科研管理信息化建设对学校、自身发展的重要意义，以至于部分老师不常登录科研管理信息系统，不能很好地配合学校推进科研管理信息化建设[3]。其次，科研管理人员对于科研管理信息化建设的认识不足，管理上忽视与社会、政府和市场的有机结合。另外，每年数据统计、职称评定、研究生导师选拔等工作中需要大量数据作为支撑，单靠科研管理部门很难完成相关工作，需要人事、财务、研究生院等相关部门通力合作，进一步加强信息交换与共享，避免信息资源零碎化[4]。

由以上可以看出，目前的科研管理信息体系，在某种程度上实现了科研项目信息的计算机网络化管理，但并不能有效地帮助科研人员开展科学研究和知识创新。

2 北京林业大学科研信息管理系统建设内容与实践

2.1 科研管理信息化建设的理念与建设目标

1）强化科研管理人员与教师的信息化建设意识

高校科研管理信息化建设不单是发展硬件和软件的事情，科研管理信息系统与网站是基础平台，只有科研管理人员和教师不断完善内容，才能发挥其大数据处理的优势。首先，高校科研管理人员要深化对科研信息化建设的认识，统筹规划，分步实施，努力实现资源的整合和利用，构建一个完备的科研信息化管理体系，北京林业大学科技处近年来不定期召开基层学院科研管理工作会议，讨论科研管理信息系统应用效果和问题，不断完善功能模块建设，为加强基础科研项目和成果数据录入奠定了良好基础。其次，学院科研管理人员通过业务培训等多种方式，为教师提供更好、更快、更便捷的科研信息服务，增加科研信息化建设给他们带来的益处，增强他们对科研信息化建设的了解。再次，学校研究生院、财务处、科技处、教务处、人事处加强数据共享，通过系统数据互认，简化教师在职称评审、研究生导师资格审核等工作中的手续，切实加强教师对科研信息管理系统的认可度。最后，教师要加强自我管理，熟悉科研管理信息系统的操作流程，配合学校科研管理等部门及时、准确地录入科研数据。

2）科研管理信息化体系建设目标和建设内容

科研信息化建设是一个系统工程，涉及的内容相当广泛，北京林业大学科研管理信息化体系利用计算机信息技术，在现有的网络基础平台上，针对科研管理相关业务开发一套计算机管理系统，其主要架构包括两层，一是科技信息网站，二是科研管理信息系统（图1）。

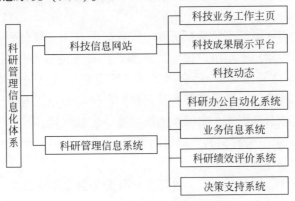

图1 科研管理信息化体系架构图

科技信息网站建设包括科技部门业务工作主页、科技成果展示平台和科技动态三部分。科技部门业务工作主页主要功能包括科技管理信息公开、通知发布、办事指南、政策制度宣传和系统导航等。科技成果展示平台主要功能包括科技成果的发布和检索，如应用技术、高水平论文、知识产权信息、科研平台等。科技动态的主要功能包括实时发布全校学术报告、学术会议等信息，通报上级主管部门科技管理改革的政策，介绍学校学院科技服务进展等，加强学术交流，促进学术繁荣。

科研管理信息系统是一种基于 WebService 的多层分布式互操作应用程序，旨在建立一套规范完整、可实现校级管理与二级学院之间数据共享与交换的科研信息数据库，其主要内容包括以下几个方面。

（1）通过 Web 浏览器与用户友好交互，服务于校内外的科研人员、各级科研单位、学校科技主管部门，为各项科研业务提供信息化支持。

（2）通过建立科研管理办公系统，提供文件传输、通知发布、经费上账、合同用印申请审核等服务，使系统用户不受办公时间和地域限制，并按照相应权限进行办公。

（3）实现科研项目全程信息化管理，对项目申请书、项目批复文件、项目合同书、项目验收鉴定证书、期刊文章、知识产权证书、科技奖励证书、专著、科技成果鉴定报告等全部内容建立电子文档。

（4）建立科研工作量计算等科研业绩评价模块，完成不同科研人员科研工作量的统计。

（5）实现对项目的立项、成果、结题、奖励、专利、论著、期刊论文等数据的分类统计，自动生成各类统计报表，为领导决策和管理提供科学有效的参考。

2.2　科研管理信息系统功能模块构建

北京林业大学科研管理信息系统面向管理员用户和一般科研人员用户具有不同的操作界面和功能，不同用户权限层级如下：校级主管领导>校级科技部门管理员>二级科研单位管理员>一般科研人员。该系统的数据录入由二级单位管理员和一般科研人员承担，校级管理员负责数据审核与锁定，凡是经过学校审核的数据除特殊原因外不再更改，确保系统数据稳定和权威性。

1）二级科研单位管理员的主要应用操作

a. 系统功能整体布局

管理员登录科研管理系统后，首页页面分为一级菜单区域和主操作区域两部分。如《系统首页页面示意图》（图 2）所示。

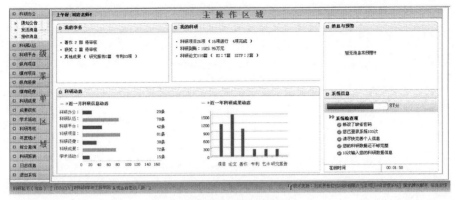

图2　系统首页页面示意图

一级菜单区域显示"综合办公""科研单位""科研人员""科研项目""科研经费""科研成果""学术活动""退出系统"，单击某个一级菜单会展开其子菜单，只有单击其子菜单才能够进入到该科研业务的列表页面或其他相关页面。主操作区域则包括了科研业务内容各个操作功能的切换。

b. 科研办公模块

通过点击一级菜单中的［科研办公］按钮，进入子栏目列表，包括通知公告、发送消息、接收消息、印章申请等功能。如《科研办公示意图》所示（图3）。

科研办公	公告列表
通知公告	◉全部 ○未阅读 ○已阅读
发送消息	
接收消息	全选　　　　　　　　　　　　　　　　　公告标题
印章申请	□　［置顶］关于限期集中清理科研系统中"待审核/未审核"信息的通知
科研队伍	□　［置顶］北京林业大学科技创新计划2014年项目申报通知
科研平台	□　［置顶］北京林业大学科技创新计划项目2014年度拨款通知
纵向项目	□　［置顶］〈紧急〉关于北京林业大学创新计划项目集中报账的通知
横向项目	

图3　科研办公示意图

c. 科研队伍模块

单击［科研队伍］菜单中的［科研人员］进入人员列表，管理员可对本单位科研人员进行增加、修改、删除、查看和审核等操作权限，还可以通过导出、数据统计报表等按钮进行导出人员信息，对人员信息进行统计生成数据报表等功能，单击某个科研人员科研详情下的［查看］按钮，可显示进入科研详情页面，查看到项目和科研成果等报表。如《人员列表示意图》所示（图4）。

图4　人员列表示意图

d. 科研项目管理模块

通过单击［科研项目］菜单中的［项目管理］按钮，进入项目列表页面，可查看项目的信息，可对项目进行增加、审核、删除和查询等操作。单击［编辑］、［审核］按钮，可对该项目的基本信息、预算经费等内容进行修改和审核。单击某个项目的项目名称，可进入项目信息查看界面，对立项信息、项目预算、合作单位、经费分配、项目文档、衍生成果、到账经费、外拨经费、年度工作量等内容进行查询。如《项目新增示意图》《项目信息查看示意图》（图5和图6）所示。

e. 科研成果管理模块

管理员可对论文成果、著作成果、研究报告、鉴定成果、成果转化、艺术作品、林木良种、标准等科研成果，进行新增、修改、删除、审核操作。单击相应功能菜单，即可进入相应成果列表，如图7所示论文列表界面，可对相应字段进行排序查询、导出、修改等操作。

2）一般科研人员的科研管理信息系统功能布局

科研人员进入科研管理系统首页后，其界面布局与管理员相似，但功能模块的设计以面向个人对象为主，一级菜单区域显示"综合办公""个人资料""科

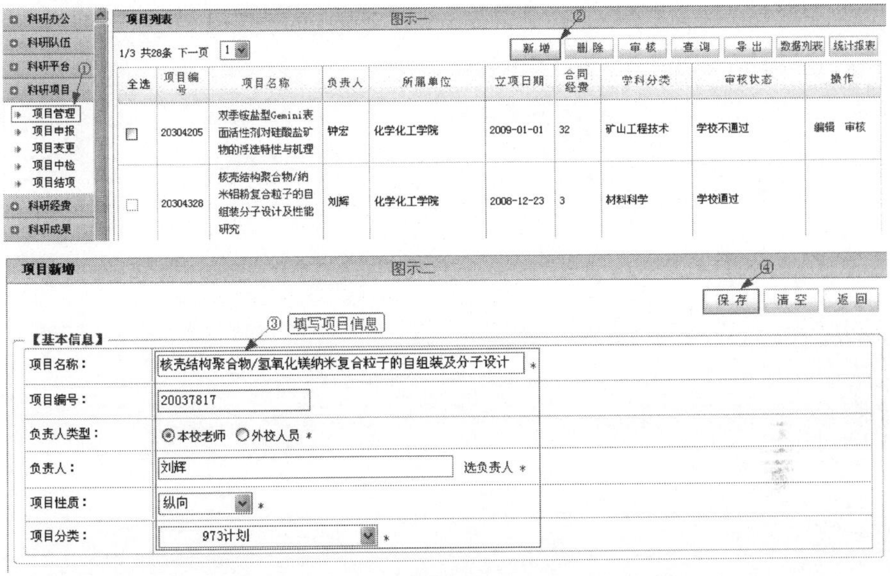

图5 项目新增示意图

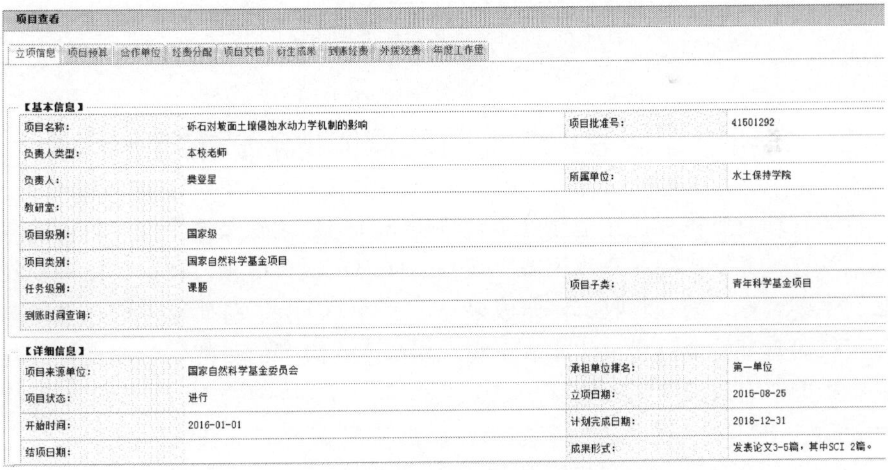

图6 项目信息查看示意图

研项目""科研经费""科研成果""学术活动""科研考核""退出系统"等
(图8),单击某一个菜单会展开其子菜单,只有单击其子菜单才能够进入到该科
研业务的列表页面或其他相关页面,主操作区域包括科研业务内容各个操作功能
的切换。科研人员可在系统内进行科研项目基本信息录入、办理用印申请审核、
经费到账上账、科研成果录入等操作。

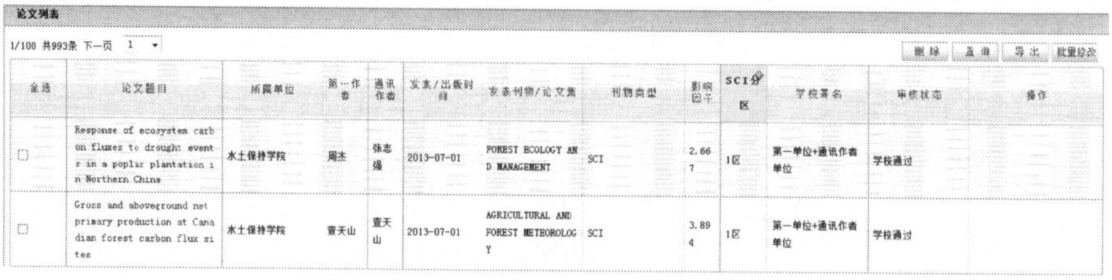

图7　论文列表示意图

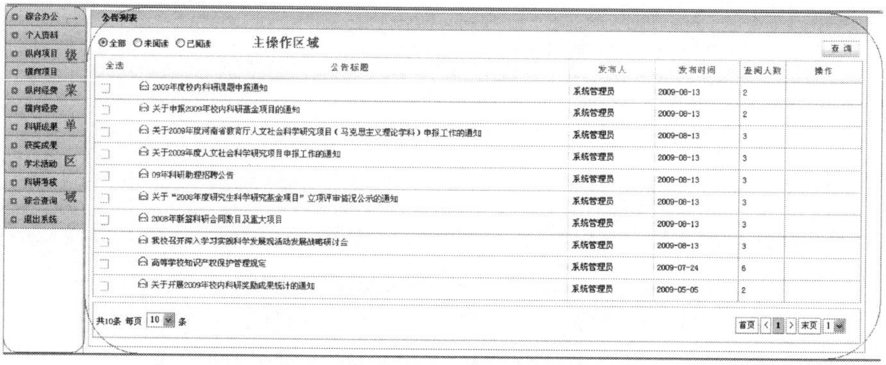

图8　一般科研人员系统界面示意图

3　科研管理信息化与业务流程优化的必要性与措施

　　科研管理业务流程优化是充分实现科研管理信息化的保障条件。科研管理是由一系列连贯又交错的业务流程来实现的，体现在项目申报、评审、立项、经费上账、中期调整、结题验收、科研成果登记等各个环节。科研管理信息系统只有覆盖了科研管理的全流程，才能真正实现提高工作效率的目的。合理设计和优化业务流程能够有效消除无效作业，减少工作量，节省人力物力，消除中间层次重复性劳动，加快决策层动态反应能力，提高科研管理信息系统的服务水平。因此，高校信息化建设与科研管理体制改革和业务流程优化是环环相扣、相辅相成的。

　　优化科研管理业务流程需要规范对科研信息的管理[5]。不同部门的科研管理人员和科技工作者只有根据同一个数据源，才能不误时机地采取必要的决策和措施，因此，数据源的唯一性和共享性至关重要，只有规范信息管理，才能确保业务流程的顺畅。

　　优化科研管理业务流程，实现科研信息化管理，需要加强基础数据库建设。不准确、不及时、不完整的信息是一种冗余信息，管理人员和科研人员应及时维护数据，根据不断变化的应用需求，来改善流程与系统功能，从而实现大数据挖掘与管理。

4 结　语

随着互联网和信息技术的深入发展，网络与硬件基础设施日益完善，高校科研管理信息化建设日益加快。高校科研管理信息化建设是个系统工程，需要学校的支持和人事、财务、研究生院、资产管理等相关部门的密切配合，也需要科研管理人员和教师的不懈努力，不断改革管理机制，优化业务流程，才能更好地推动高校科研管理信息化建设工作。

科研管理信息系统构建的庞大数据库是实现大数据分析的必要基础，在科研管理领域里，应随着数据的增长与完善，进一步探索各类数据统计分析功能模块，把大数据技术应用到高校管理领域中，以期科学评价科研人员工作量、优化科研资源配置、促进科研管理体制改革。

参 考 文 献

[1] 王继成，赵裕国. 农科高校科研管理信息化的研究与实现. 高等农业教育，2009，9（9）：10-14
[2] 吴生，赵雪曼. 高校科技统计实践与分析. 技术与创新管理，2012，(33)：503-505
[3] 崔鹏. 高校科研管理信息化建设探析. 中央财经大学学报（增刊），2014，：81-83
[4] 许哲军，付尧. 大数据环境下的高校科研管理信息化探索. 技术与创新管理，2014，35（2）：112-115
[5] 欧启忠，魏文展，李向红，等. 科研管理信息化与业务流程优化探析. 科技管理研究，2005，3：48-49

教学文档管理系统的建设研究——数字化办公在水土保持学院教学管理中的应用

杜　若，王云琦

（北京林业大学水土保持学院，北京，100083）

摘要：文件管理系统是以"协同办公、文档管理"为核心，将文档管理、多媒体管理、图文档管理、安全加密、协同办公等各种应用与管理全面整合的管理系统。水土保持学院文档管理系统从实际应用的角度出发，以教学文档管理为核心，整个系统的设计充分融入了人性化的设计理念，特别注重功能的实用性与操作的简便性。一体化操作让教学管理轻松高效，以提高教学办公室乃至水土保持学院整体的办公效率。

关键词：文档管理系统；管理类

随着无纸化办公的普及，文件管理越来越受到企事业单位的重视，但进行文件管理的过程中，经常会碰到以下问题：文件分类管理困难；陈旧文件查找缓慢；文件版本管理混乱；文件安全缺乏保障；文件无法有效协作共享等。所以文件管理逐渐成为国内外业界研究的热点。

文件管理系统是以"协同办公、文档管理"为核心，将文档管理、多媒体管理、图文档管理、安全加密、协同办公等各种应用与管理全面整合的管理系统，其目的是为了提高企事业单位的办公效率。

水土保持学院教学文档管理系统从实际应用的角度出发，以实际使用者为核心，注重功能的实用性与操作的简便性。一体化操作使文件的管理工作便捷高效。

1　系统开发需求

教学文档是指教师、学生、教学管理人员进行日常的教学活动和教学过程中形成的对学校和社会具有参考价值和凭证作用的文字、图片、音像、电子文档等的记录资料。教学文档一般包括专业、学科建设和发展规划，师资队伍培养，教学资源与利用，课程建设，教材建设，教学运行与质量管理，人才培养质量等方面的各种材料。教学档案管理就是对这些教学档案材料进行统编、设计、收集、整理、归档的过程。

系统在制作过程中将文件管理部分整合成了我的文档和文件仓库两部分，其中文件仓库用来存储种类繁多、内容零散的教学文档。经过两年的实践总结并结合系统开发进程，我们认为把各类教学档案区别管理、储存更利于教学管理人员高效地开展工作。文件仓库中档案的分类应顺应教学管理的性质、内容，并在符合教学规律的前提下，保留水土保持学院的特点。根据系统需求分析，文件仓库中教学档案的类型将分为：①学生教学档案：学生名册，学籍表，学生考勤，课程成绩单，课程作业，学生试卷，学生交流情况，毕业论文管理材料，实习见习材料，奖惩情况等。②教师教学档案：课程教学大纲，教案，课程表，教学进度，教学工作量，调停课申请，考试试题及分析，师资建设，教师培训等。③教学建设与改革档案：教学改革与建设的规划，教材建设，教学基地建设，教学项目和教学研究课题的申报、立项、过程管理等材料，教学成果，发表教改论文等。④教学质量监控与保障方面的档案材料：教学会议记录，教学管理制度，教风学风建设材料，教学检查，教学总结，学生、督导评教等。

水土保持学院在平日的教学管理和科研办公中产生了大量电子文档，这些文档随着管理人员的更迭，产生年代的久远，滞留在不同的电脑中，工作人员在查询运用这些软件的过程中往往由于各种各样的原因而影响工作效率。举例如下。

1.1　教学文件档案管理缺乏可持续性

由于学院管理层的更替、人事变动，以及教师们对于课程作业、设计等教学档案的意识薄弱，普遍只看重科研和教学的重心工作，对于在实施教学活动中所产生的教学档案和材料不够重视，致使大量教学信息缺失。导致这种教学文件档案管理信息缺乏的情况在领导层主要反映为档案管理所投入的软硬件设施标准达不到教学档案存储所需；老师们则因为忙于科研和教学，对学院各部门对于档案管理和建设方面的要求缺乏统一认识，对于向学院各部门提交档案反感、敷衍，提供的教学档案不完整、不认真等；学生方面过多地关注自己的成绩，对于评教等不太关心，提供的数据和档案材料不真实。管理人员一般不是专业、专职的教学档案管理员，对于教学档案重视时间只存在一个教学审查周期，教学审查之前的档案保存并不合理。

1.2　教学文档的归类不分明，教学文档存储不完整，缺乏系统的目录

学院的教学档案并没有设置专人管理，基本上由教学秘书兼职管理，教学秘

书由于专业背景各不相同，在岗时间有长有短，文件存储习惯不一等影响，对于教学文档的管理工作长期停留在凭借经验自行存储或者学习前任秘书存储模式阶段。长期就会出现档案不全、档案不齐、档案归档错误等问题。近年来学院尽管有统一的文档管理要求，但对于没有按照要求准备档案材料的老师及其他管理人员缺乏正规的约束手段，导致文档存储效率低下，档案材料缺失。

1.3　文档共享及安全问题

很多文档需要实现共享，不然会给日常办公带来许多麻烦。由于岗位更替频繁总会出现如下问题：文档存储在哪个人的电脑上记不清了；文档只有领导有，由于出差，无法查看，以至于影响工作；文档传递的途径有限，对于需要传递多人的文件需要传递多次，耗时耗力且容易出错。文档的安全问题也是影响学院文档管理的一个重要问题，平常教工的电脑中无法对系统中存在的文档进行有效加密，这样使得在教学过程中产生的一些诸如学生成绩、教师评价、保研资格等敏感文档很难被有效地保护起来，一旦管理方面出现纰漏，产生的后果将无法估量。

针对以上这些问题，水土保持学院决定研发文档管理系统。基于水土保持学院文档管理的现状，对教职工进行调研，完成了整个文档管理系统的需求分析。然后利用 B/S 架构设计整个文档管理系统的三层架构体系，依据整个架构对文档管理系统进行功能设计和数据库设计。其次利用 JSP 技术和数据库技术进行系统实现，完成了整个文档管理系统的界面设计和功能业务逻辑，并进行系统测试。该文档管理系统功能包括我的文档、文档仓库、组织架构、系统管理等。

2　系统开发环境及架构

水土保持学院文档管理系统在角色分类上总体归为两类：管理员和教工。教工是整个文档管理系统的使用主体，通过管理员对权限的分配，教工根据自身所在部门及拥有的系统权限，可在文档管理系统中搜索、查看，甚至修改文档。至于管理员，便是整个系统的权限管理者，管理员在拥有普通教工权限的同时，也具备了对整个系统的参数进行设置、修改用户权限等系统管理的相关操作。

2.1　系统网络架构

水土保持学院文档管理系统网络架构如图 1 所示。该系统的用户大部分为内网用户，校园服务器也有能力让外网用户参与管理。内网用户可以通过北京林业大学校园内部局域网直接访问，根据自身权限对文档进行相关操作。外网用户则需要通过互联网对文档管理系统中的文件进行操作。为了保证系统运行正常，系统配置备份服务器，对相关数据进行定时备份。

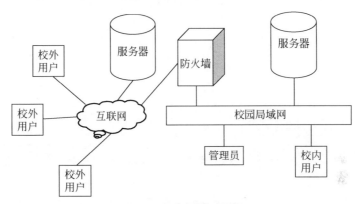

图1　系统网络架构图

2.2　系统体系架构

水土保持学院文档管理系统采用目前最常用的三层架构体系，整个架构避免了表示层直接连接数据层，在安全性上有所保证；同时系统架构灵活，维护便利。

1）表示层

表示层就是水土保持学院文档管理系统用户所能看到的相关界面，其主要完成了与系统用户的交互请求，包括接收请求、显示请求处理结果等，是整个系统的入口。在表示层还能完成用户输入信息的检查和数据格式的处理。

2）业务层

业务层是主要由 JSP 页面等组成的系统逻辑结构层，其主要在服务器中执行。业务层是整个系统的中间层，在一定程度上体现了屏障的作用。业务层主要是业务逻辑的体现，本文档系统包括我的桌面、个人文件、公共文件、工作流、个人设置、文件搜索，同时通过控制面板提供系统信息设置的业务逻辑。业务层还提供安全认证接口、平台访问接口，以及数据交换服务等接口和服务工作。

3）数据层

数据层通过 JDBC 数据库接口来实现业务层对数据库层的交互。整个数据库存储了文档管理系统的所有数据，包括工作流信息库、文件数据库等，同时依据交互信息，数据层对来自业务层的请求进行处理并返回。

系统整体运行结构如图 2 所示。

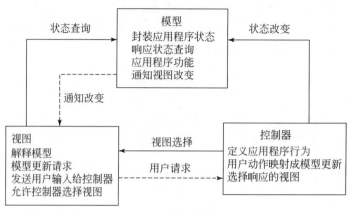

图 2　系统体系架构图

3　系统功能简介及运行模式

依据功能性需求分析，水土保持学院文档管理系统在表象层的功能包括我的文档、文档仓库、组织架构、系统管理等，系统用例图如图 3 所示。

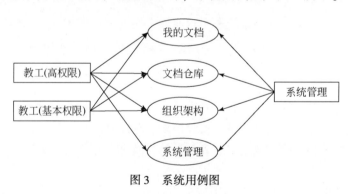

图 3　系统用例图

3.1　我 的 文 档

用户正确登录界面后，显示主页为我的文档界面，该界面属于显示界面，用户在本次登录之前上传、操作、标注过的文档均会在此界面中显示出来。用户可根据自身需求快捷查看内容，访问曾经标注收藏的文档、上传的文档和操作的文档。界面如图 4 所示。

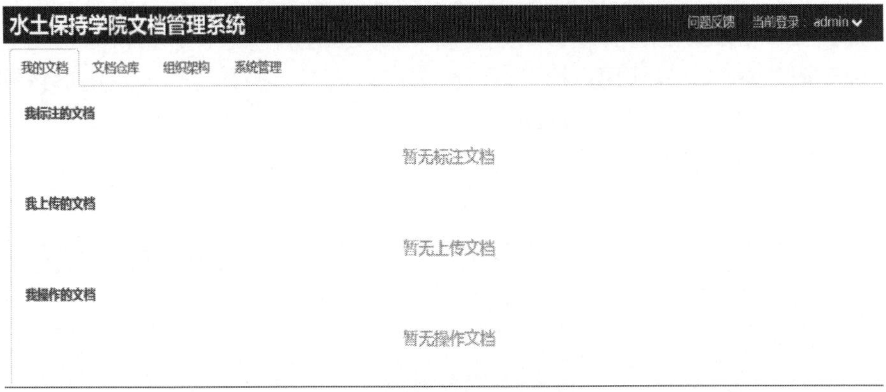

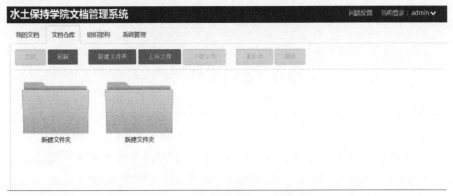

图4　我的文档界面显示图

3.2　文档仓库

1）文档仓库主界面

文档仓库界面是运用 JSP 技术仿照 Windows 文件目录式操作习惯设计出的操作界面，拥有简洁、清爽的系统界面风格，员工可以不经过培训便能方便、快捷地操作系统，创建、上传、下载、重命名、删除文件及文件夹中的内容，此外，文档仓库不仅能上传、储存文档、文件格式的内容，还可以储存普遍格式的图片文件及 PDF 文件，加强对文件存储的包容性，使教学信息的存储变得更加多元化，能基本满足现代化数字教育的高标准。界面如图 5 所示。

图5　文档仓库界面显示图

2）文档仓库操作界面

文档仓库中留存的文件用户可以根据自己的级别对文件进行操作管理。图 6

显示为文档仓库中文件操作界面，高级别用户可以选取文件进行浏览并通过检入、检出操作对文件进行备注，或是直接下载文档进行修改。文件的备注信息可以反馈到服务器中，其他用户均可以看到修改后内容，提升了办公室内部协同办公的能力。该界面运用了 FlexPaper 开源组件，可以使文档上传后自动转化成类似 PDF 的模式，网络中流通的大部分图片格式也可通过该组件打开。

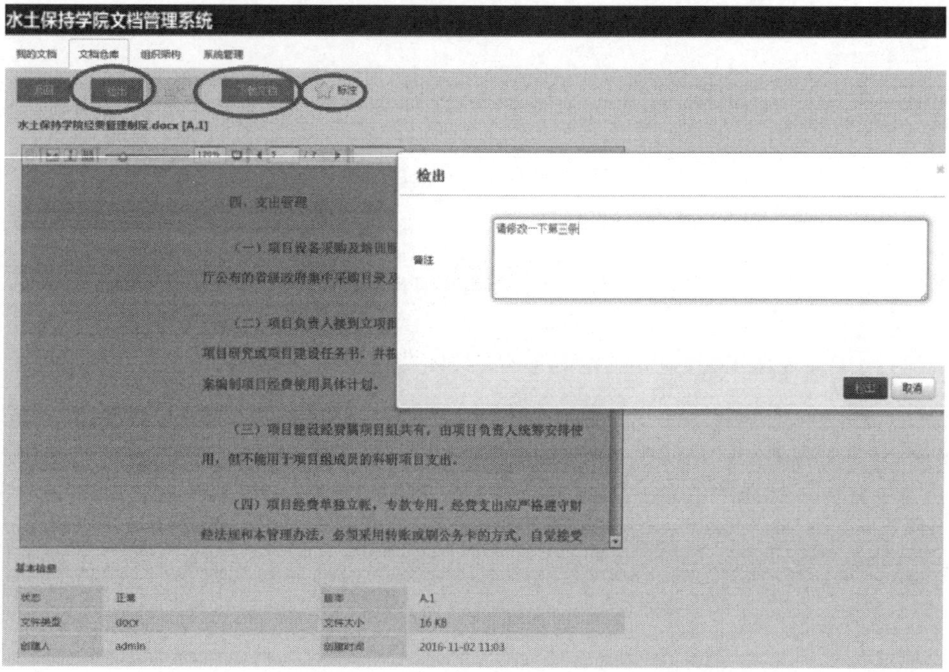

图 6　文件操作界面显示图

3.3　组 织 架 构

组织架构部分是采集用户信息的界面，组织架构页面分成三部分，第一部分为组织架构原有功能，次界面可存储、添加部门及用户的基本信息；职位列表显示单位职务架构，管理员及以上系统身份操作人员可以对此信息进行修改；角色权限子页面是管理员及管理员以上系统角色编辑用户权限的界面，在此界面普通员工无权进行任何数据修改。界面如图 7 所示。

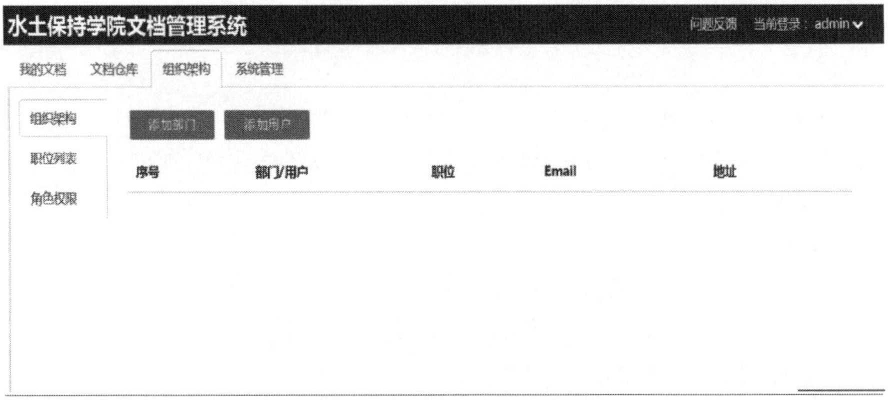

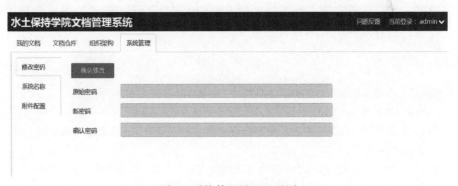

图7　组织架构界面显示图

3.4　系统管理

系统管理界面的主要功能是在设计之初为登录用户完成进行个性化设置而设计的。在用户使用过程中往往需要对登录密码、头像、界面颜色、默认浏览公共文件时打开的文件夹等信息进行设置，而个人设置功能就满足了上述需求。界面如图8所示。

图8　系统管理界面显示图

通过对系统各部分的介绍，我们可以发现水土保持学院文档管理系统具备以下特点：①整个文档管理系统采用B/S架构，具备维护工作量小、成本低，同时对客户端要求低的特点，易于在学院内部进行推广使用。②系统文档兼容性强大，可储存和处理Word、Excel、PDF和大部分图片格式文件。③整个系统提供灵活权限管理和共享机制，方便学院实现高效和快捷的文档标注及共享功能。

4 系统未来发展方向

整个文档管理系统现在还处在开发阶段，对于系统接口的调整还在持续进行，开发完毕后系统将会充分满足水土保持学院的教学文档管理需求。但总体而言，其仍旧有许多内容进行改进，例如：

1）全文检索功能的开发

为了保证文件查找的效率，系统会在后续开发过程中加入搜索功能，搜索功能将包括题目搜索、关键词（文件名称、文件内容）检索等。

2）优化程度需要加强

客户端登录需要先进行 Tomcat 配置，运行完毕后才可以登录系统。

3）功能的完善

随着水土保持学院教学管理方面业务需求的不断变化，系统将会依据现有平台技术不断地进行更新完善，如增加手机客户端等跨平台措施。

5 结 语

随着信息技术及互联网的发展，各种各样的系统走进了校园，水土保持学院文档管理系统便在这种大环境下被设计出来。本系统的设计目的是为了提高教学管理效率，使学院的教学工作更加便捷。希望通过该系统的搭建，完善学院的信息化建设，更好地为广大师生服务。

参 考 文 献

［1］曹敬馨. 在线辅助教学系统的设计与实现. 内蒙古大学，2010

［2］李晓强. 基于 MVC 的工资管理系统的设计与实现. 吉林大学，2013

［3］潘海兰，吴翠红，葛晓敏. XML 及其在 MVC 模式中的应用. 计算机技术与发展，2010，8（2）：202-203

［4］熊锦辉. 基于 B/S 结构的学生信息管理系统的设计与实现. 北京邮电大学，2013

［5］张冀. 基于 MVC 框架的人力资源管理系统. 吉林大学，2011

新生宿舍分配方法调查研究

关立新，马丰伟

（北京林业大学水土保持学院，北京，100083）

摘要： 学生宿舍是大学生活动的主要场所，宿舍学生间的相互影响，对大学生的成长和发展起着重要作用。如何为素未谋面的大学新生安排宿舍，促进大学生能够在大学四年中得到更积极和有益的朋辈互助，是学生工作的一项重要内容。

关键词： 宿舍；分配方法

大学生宿舍既是学生的栖身之地，也是培养和提高学生素质、修养、能力的一个重要场所，对学生人格的塑造、行为习惯的养成、三观（人生观、价值观和世界观）的确立起着非常重要的作用[1]。加拿大教授斯蒂芬在《我之见牛津》中就深有感触地指出，"对大学生真正有用的东西，是他周围的生活环境"。可以说，宿舍文化是一种直接影响大学生成长的客观存在，不论我们是否有意识地去构建，它都在变化与发展着，并且无时无刻不在影响着每个大学生[2]。而宿舍文化形成的关键是人，也就是宿舍成员的构成对宿舍文化的形成起着非常重要的作用。因此，研究优化新生宿舍分配方法，使宿舍成员之间更融洽，更容易形成一种积极向上的宿舍文化，具有重要的意义。

1 研究对象及方法

课题组在北京林业大学选取了74间优秀宿舍，发放调查问卷445份，回收445份，回收率为100%。通过对数据的整理，最终有效问卷是433份，72间宿舍，有效率为97.30%。在有效问卷中，大一、大二、大三和大四所占比例分别为29.83%、24.48%、22.61%、23.08%；学生干部占81.59%，非学生干部为18.41%；党员所占比例为11%，团员所占比例为85%，群众所占比例为4%；汉族所占比例为93%，少数民族所占比例为7%。

2 研究结果与分析

2.1 生源地分布情况

研究表明，在优秀宿舍的生源地多样，涵盖直辖市/省会城市、地级市、县城或县级市、乡镇和农村等，其中，家庭位于直辖市/省会城市的学生占25.84%，地级市的学生占29.80%，县城或县级市的学生占22.34%，乡镇的学生占5.97%，位于农村的学生占16.05%。由此可以看出，这些优秀的宿舍成员搭配往往是直辖市/省会城市、地级市的同学和县级以下同学人数的比例尽量维持在1∶1会有较好的影响效果。

2.2 接受经济资助情况

调查显示，有36.86%的学生接受过经济资助，有63.14%的学生未接受任何经济资助。接受经济资助和未接受经济资助的同学的比例为1∶1.7。由此可以看出，在进行新生宿舍分配的时候，应该考虑到大一新生的家庭经济情况，并且合理安排家庭情况较好和较差的学生，比例为1∶2会有较好的影响。在平时的学习生活中，家庭情况较好的学生和较差的学生在交流和互相磨合的过程中，会达到和谐融洽的宿舍氛围。若一个宿舍单纯地安排家庭条件较好的学生或较差的学生，在以后的宿舍建设中，条件较好的学生往往会由于相似的生活背景而出现扎堆生活的现象或者相互攀比的不良学习生活氛围。只有相互协调开来，让不同家庭背景的学生相互影响，相互沟通和交流，彼此相互学习，从而构建一个理想的宿舍文化氛围。

2.3 性格分布情况

研究表明，有58.98%的学生属于外向型的，41.02%的学生属于内向型的。外向和内向的比例为1∶0.7。由此可以看出，性格对于优秀宿舍的构建有着至关重要的作用。要构建一个和谐的宿舍需要每个宿舍成员的共同努力。而每个人的性格在这个构建和谐宿舍的过程中起着至关重要的作用。内向和外向的学生在一起能够形成性格上的优势互补，动静结合，能够保证宿舍不会出现过于安静或者过于热闹的情况出现，极端的宿舍氛围对于学生的发展并不能形成一个正面影响。所以，尽量使得宿舍内向和外向的学生比例保持在1∶1，对于和谐宿舍的构建有正面的积极影响。

2.4 大学期间获奖情况

在有效问卷中，大学期间曾经获得过奖学金的学生占 51.32%，未获得任何奖学金的学生占 48.68%。获得奖学金与未获得奖学金的比例为 1：0.95，见表 1。

表 1 大学期间所获奖学金情况

奖学金项目	百分比/%
国家奖学金	2.30
国家励志奖学金	5.79
优秀学生一、二、三等奖学金	27.29
新生专业特等奖学金	1.83
学术优秀、学习进步、文体优秀、外语优秀、社团活动、社会实践、科技创新等单项奖学金	8.59
家骐云龙、宝钢、新科鹏举、黄奕聪等专项奖学金	2.50
学院设立的各种奖学金	2.30
无	48.68
其他	1.69

由此可以看出，在这些优秀宿舍中，曾获得国家奖学金和国家励志奖学金的学生所占的比例分别为 2.30% 和 5.79%。有 27.29% 的学生曾获优秀学生一、二、三等奖学金，为所获奖项中学生群体最多的奖学金项目，而新生专业特等奖学金的获奖学生所占比例为 1.83%，相对于其他奖项来讲，是获得比例最小的奖项。各个单项奖的获得者相对较多，说明在这些优秀学生宿舍中，有相当比例的学生有各方面的特长，例如，在文体、学术、社会实践、外语等方面各有所长，获得各种单项奖学金的学生所占比例为 8.95%。这也充分说明了一个优秀的学生宿舍，需要宿舍的各个成员充分发挥每个人的特长，让宿舍趋于多元化方向发展，丰富宿舍文化。而对于家骐云龙、宝钢、新科鹏举、黄聪奕等专项奖学金的获奖学生所占比例为 2.50%，最后还有学院设立的奖学金，获奖学生所占比例为 2.30%。但是在这些优秀宿舍中，仍然有高达 48.68% 的学生不曾获得任何奖学金。不难看出，一个优秀的学生宿舍，基本都是优秀的学生和普通的学生各占一半，这样可以避免一个宿舍全部都是优秀的学生而相应带来宿舍学生之间的恶性竞争和一个宿舍全部都是普通学生而相应带来的较差的宿舍学习氛围，唯有优秀学生和普通学生共同相处，才能起到优秀学生带领普通学生，普通学生调节宿舍

新生宿舍分配方法调查研究 ◎

生活氛围，使得宿舍成员之间达到共同进步、共同生活的良好文化氛围。

2.5 大学期间担任的学生干部职务情况

在有效问卷中，担任过学生干部的学生占 70.63%，未担任任何学生干部职务的学生占 29.37%。担任学生干部和未担任学生干部的比例为 2.4∶1，见表 2。

表 2 大学期间担任学生干部情况

学生干部职务	百分比/%
校、院学生会主席、副主席	5.13
校、院社联主席、副主席	2.10
班长	8.39
团支部书记	6.53
校、院社团团长、副团长	6.76
校、院学生会部长、副部长	12.59
校、院社联部长、副部长	2.33
班委	19.11
其他学生组织负责人	10.26
其他学生组织部长、副部长	19.58
没有担任过学生干部	29.37

由此可以看出，在这些优秀的学生宿舍中，曾经担任过校、院学生会主席、副主席的学生所占的比例为 5.13%，担任校、院社联主席、副主席的学生所占的比例为 2.10%。作为学生会主席或者社联主席，是一名学生群体的领导，必定拥有过人的领导能力、组织协调能力和沟通能力，这些优秀品质在平时和宿舍成员交往中，更能发挥积极的效果，保持宿舍成员的和谐生活状态。优秀宿舍中，班长所占的比例为 8.39%，班长在一个班级建设中起着至关重要的作用，更是一个宿舍的核心，他对班级的每个学生都要相对于一般同学了解得多，更能把握每个学生的兴趣特点和心理状态，妥善处理学生之间的关系，调和舍友之间的矛盾，为一个和谐美好的宿舍环境提供坚实的保障。和班长相对应的就是团支部书记，担任这一职务的学生所占的比例为 6.53%，在班级事务中，团支书同样是不可或缺的职位，班级团建工作的开展都是团支书说必须承担的责任，而团建活动的开展对于班级学生凝聚力以及促进宿舍成员友谊、增进感情都有很多正面的影响。而后，在优秀宿舍中，担任各社团团长的学生比例为 6.67%，学生会部长的比例为 12.59%，社联部长的比例为 2.33%，不论在社团活动，还是学生会组织中，这些部长往往都是组织能够良好运行的中坚力量，是学生组织成为一个优秀组织

的有力保障。同样，这些部长或者团长们在平时学生活动中会有自己一套独特的执行模式或者处事方法，对于宿舍学生的关系处理或者文化建设都是一个很好的保证。还有班委，在优秀宿舍中担任班委的学生所占的比例为19.11%。这也是一个很大的比例，班委都是班级民主投票选出的班级同学公认的和值得信赖的学生，这些学生对班级文化的建设都有很重要的作用，只有把这些学生平均分配到各个宿舍，不论是班级还是宿舍的建设都会有正面积极的影响。除了以上具体的各大学生干部职务之外，仍然有10.26%的学生在其他学生组织担任负责人，19.58%的学生担任学生组织的部长、副部长。从众多学生职务中可以看出，在这些优秀的学生宿舍中，学生干部是一个很重要的组成部分，担任学生干部和未担任学生干部的学生的比例为2.4∶1。由于构建和谐宿舍需要舍友之间有能力处理好同学关系、协调同学矛盾、沟通能力较强、综合素养高等，所以，只有将学生干部均匀分配到各个宿舍中，在各个宿舍发挥自己的组织协调作用，对于优秀的宿舍文化建设来讲具有很好的成效。

2.6　大学参与的科研项目情况

有效问卷中，曾经未参加过科研项目的学生与参加过科研项目的学生的比例为2.2∶1。具体情况见表3。

表3　大学期间参加科研数量情况

参加科研数	所占比例/%
0	68.99
1	26.34
2	3.50
3	0.47
≥4	0.70

调查显示，在优秀宿舍中，参加过1次科研项目的学生所占的比例为26.34%。参加过两次科研项目的学生比例为3.50%，参加过3次科研项目的学生比例为0.47%，4项以上的比例为0.70%。由此可见，在参加过科研项目的学生中，有不少学生都是参加过一次科研经历的，客观上来讲，不少学生对于科研来讲有很高的热情，但是可能由于专业基础知识、科研理论水平、科研能力的差别，以至于有两次科研经历的学生比例就大幅下降。但是对于其他68.99%的学生来讲，却没有从事过任何科研项目，这个比例还是相当大的，也反映出在学习中，学生致力于科研项目的热情有所下降，而侧重于其他方面（例如，学生活动、社会实践、兴趣爱好等）的发展。因此，在宿舍文化建设中，对于申请科研

项目，学校应持鼓励和支持的态度，让学生们在平时学习的专业理论知识能够在科研实践中得到应用，提升自己的专业素养，可以促进宿舍良好的学习风气，形成优秀的学习氛围。

2.7　新生宿舍分配方法评价

基于以上调查结果，根据每年生源的东西南北差异、省份不同，以及大中小城市、乡镇、农村、性格内向和外向、民族差异、高考成绩、家庭经济条件、政治面貌、学生干部经历10个方面进行新生宿舍分配，并且分别对每种方法进行意向评价，统计结果见表4。

表4　新生宿舍分配方法评价统计表

分配方法	非常同意/%	比较同意/%	不太同意/%	完全不同意/%
1. 南方学生应该与北方学生搭配	41.36	43.46	11.68	3.50
2. 东部地区学生应该与西部地区学生搭配	32.48	49.77	14.25	3.50
3. 宿舍成员应该都来自不同的省份	39.02	43.22	14.02	3.74
4. 来自大中小城市、乡镇、农村的学生应该混合搭配	32.48	49.53	13.32	4.67
5. 性格外向学生应该与内向学生搭配	37.15	47.36	12.62	1.87
6. 少数民族学生应该与汉族学生搭配	30.61	40.89	23.60	4.90
7. 高考成绩高的学生应该与高考成绩低的学生搭配	20.56	42.76	26.40	10.28
8. 家庭经济条件好的学生应该与家庭经济困难的学生搭配	21.50	41.12	28.97	8.41
9. 高中党员应该平均分配到各个宿舍中	26.17	45.09	19.39	9.35
10. 有学生干部经历的学生应该平均分配到各个宿舍中	30.14	47.20	15.65	7.01

根据以上调查结果可以看出，对于10种分配方法，从支持程度来看，有41.36%的学生非常同意南方与北方学生搭配，有39.02%的学生非常支持宿舍成员应该来自不同的省份，37.15%的学生非常支持性格外向的学生和性格内向的学生搭配，这三种方法的支持率最高；从比较支持的观点来看，有49.77%的学生支持东部地区与西部地区的同学搭配，有49.53%的学生支持来自大中小城市、乡镇、农村的学生应该混合搭配，这两种方法的比较支持率最高；从不太同意的观点看，28.97%的学生不太同意家庭经济条件好的同学应该与家庭经济困难的学生搭配，26.40%的学生不太同意高考成绩高的学生应该与高考成绩低的学生

搭配，这两种方法的反对率较高；从完全不同意的角度看，有 10.28% 的学生完全不同意高考成绩高的学生应该与高考成绩低的学生搭配，有 9.35% 的学生完全不同意高中党员应该平均分配到各个宿舍中，8.41% 的学生表示完全不同意家庭经济条件好的学生应该与家庭经济困难的学生搭配，这三种搭配方法的完全不支持率最高。

3 研 究 结 论

3.1 地域搭配法

由于中国幅员辽阔，加之中学阶段学生学业负担较重，绝大多数学生都长期生活在本地，对异域风情和文化等了解得不够深刻。因此，为开拓学生眼界，培养学生适应能力，应尝试着将学生进行了南北、东西搭配，即将中国各省区大约划分为南部地区、北部地区、东部沿海地区、西部地区 4 个距离远、风土人情、文化差异略大的区域，每宿舍适当分入 1~2 名不同地区的学生。这样一方面可以避免学生由于地域相近而抱团，影响班级团结，另一方面可以使学生通过舍友了解祖国各地的风土人情，开阔眼界和思维[3]。

3.2 成绩搭配法

相同宿舍内，如果没有一两个学习基础良好或自我约束能力较强的学生起一定的带头作用的话，宿舍学生有可能因为相互影响，导致无节制地娱乐。一般来讲学习成绩与中学阶段的基础有着一定的关系。一般数学成绩较好的学生，在大学一年级高数容易进入学习状态，并能较快接受新的数学知识，而中学阶段英语基础如何，则更直接地影响了大学英语的学习成绩。一般高考分数较高的学生基础较好，普遍能凭着良好的基础，较快适应大学的学习，因此，成绩一般都较为优秀。我们可以通过查询高考成绩，对学生的学习情况进行了解，根据情况将学生的预期成绩从高到低大致排队，将成绩较好的学生与成绩较差的学生搭配，较为平均地安排到不同的宿舍。

3.3 性格搭配法

学生的性格是影响宿舍氛围的重要因素之一。宿舍中如果有几个开朗自信、乐于助人的学生，将能够促进宿舍同学关系更为和谐和融洽。如何知道哪些学生性格开朗和自信呢？一般情况下，爱好文艺活动，特别是喜欢唱歌、跳舞的学生，或者是喜欢篮球、足球等团体体育活动的学生，一般在中学阶段会得到更多的掌声等外在认可因素，性格一般开朗、自信，如果成绩又优秀，他们将很可能是大学的佼佼者。我们将他们分入各宿舍，将有利于宿舍良好氛围的形成。

3.4　民族搭配法

大部分面向全国招生的高校都有不少少数民族学生，他们有些直接来自少数民族聚集区，对汉族文化有着很多不习惯和不适应，特别需要我们尊重他们的民族习惯，更多地包容、理解、关心和爱护他们。对于一些学习基础差的少数民族学生，在分配宿舍时，要尽量将他们分配在乐观开朗和成绩优秀的学生较多的宿舍中，以给予他们更多理解、宽容和帮助，以利于在宿舍中形成良好的学习和相互关爱的氛围。另外，分配宿舍时也要考虑一些特殊因素。例如，东北及西北学生普遍具有讲义气、爱结伙等特点，要将他们适当分散，避免形成小团体。南方地域的学生个性较强，较为独立，不易快速与别人成为朋友，可将北方的学生与之搭配。新疆、西藏等地区的学生，即使是汉族学生，学习基础较差的也需适当搭配成绩较好的学生，以利于对其学习进行帮助。

总之，宿舍氛围对大学生的学习、生活有着重要影响，营造出更适宜大学生综合发展的宿舍人文环境，将促进大学生在四年的生活中得到更好的朋辈影响，有利于大学生在积极的环境中健康成长。

参 考 文 献

[1] 洪满春．"90后"大学生宿舍文化现状及其建设研究．武汉：华中师范大学硕士学位论文，2011

[2] 魏会茹，单玉梅．浅析大学生宿舍文化的形成与影响机制．中国成人教育，2010，（2）：28-29

[3] 王永会．如何进行新生宿舍分配．北京教育（德育版），2012，（9）：72

后　记

在关君蔚院士百年诞辰之际，《水土保持人才培育探索——关君蔚院士百年诞辰纪念教改文集》的付梓，表达了各位学者、同仁对我国水土保持教育事业的开拓者和奠基人关君蔚先生的崇高敬仰和怀念之情。

书中收集了关君蔚院士的重要文章，使后来人能够了解我国水土保持学科体系的构建思想。汇集了北京林业大学水土保持教育工作者在学科发展与人才培养、课程改革与实践教学、平台建设与综合管理方面的学术成果与实践经验，是对水土保持教育理念的传承，对高校教育工作理论与实践的综合思考。本书的出版在缅怀关先生的同时，若能对今后水土保持教育事业提供一些借鉴与参考，则是编委会全体成员的共同期望。

在此，编委会诚挚感谢各位领导、专家、同仁为此文集的编撰提供的大力帮助和支持！同时，特别感谢科学出版社各位编辑的辛勤劳动，没有他们的帮助本书将无法在时间紧迫的情况下按时顺利出版。

限于时间仓促，编辑水平有限，疏漏之处在所难免，热切希望各位读者提出批评指正。